ÉLÉMENS

DE

CHIMIE AGRICOLE.

IMPRIMERIE DE BAUDOUIN FILS,
RUE DE VAUGIRARD, N° 36.

ÉLÉMENS

DE

CHIMIE AGRICOLE,

EN UN COURS DE LEÇONS,

POUR LE COMITÉ D'AGRICULTURE;

PAR SIR HUMPHRY DAVY,

Membre du Comité d'agriculture, de l'Académie royale d'Irlande,
de celles de Pétersbourg, Stockholm, Berlin, Philadelphie, etc.
et Professeur honoraire de Chimie à l'Institution royale.

TRADUIT DE L'ANGLAIS,

AVEC

UN TRAITÉ SUR L'ART DE FAIRE LE VIN
ET DE DISTILLER LES EAUX-DE-VIE,

PAR A. BULOS.

TOME SECOND.

PARIS.

LADRANGE, LIBRAIRE, QUAI DES AUGUSTINS, N° 19;
L'HEUREUX, LIBRAIRE, QUAI DES AUGUSTINS, N° 27.

1819.

ÉLÉMENS

DE

CHIMIE AGRICOLE.

SIXIÈME LEÇON.

Engrais d'origines végétales et animales. — Manière dont ils se convertissent en alimens des plantes. — Fermentation et putréfaction. — Différentes espèces d'engrais d'origine végétale et d'origine animale. — Engrais mixtes. — Coup-d'œil général sur les usages et l'application de ces sortes d'engrais.

Oɴ sait de toute antiquité que certaines substances introduites dans le sol favorisent la végétation et augmentent le produit des récoltes ; mais on discute encore sur la manière dont elles agissent, les méthodes les plus avantageuses d'en faire usage, la valeur respective de chacune d'elles, et le temps qu'elles mettent à se consumer. Je vais essayer d'établir quelques principes sur ces diverses questions, que les découvertes récentes de la chimie permettent d'approfondir, et dont les agriculteurs sentent l'importance.

Les pores des radicules des plantes sont si petits, qu'on les discerne à peine à l'aide du mycroscope; en conséquence, il n'est pas vraisemblable qu'ils absorbent directement les substances solides répandues dans le sol. Pour vérifier cette conjecture, je fis, au commencement de mai 1805, l'expérience suivante : je mis du charbon en poussière impalpable, que j'avais obtenu du lavage d'une certaine quantité de poudre, dans une fiole pleine d'eau pure, où croissait une tige de menthe. Cette plante végéta avec force pendant 15 jours ; je la retirai à cette époque : ses racines, coupées en divers sens, ne présentaient aucune trace de matière charbonneuse; les fibrilles les plus ténues n'étaient point noircies; elles eussent cependant dû l'être, si le charbon eût été absorbé sous forme solide.

Aucune substance n'est plus nécessaire aux végétaux, que la matière charbonneuse ; elle doit être dissoute pour pénétrer dans leurs organes, et on peut supposer sans invraisemblance, que celles qui sont moins essentielles ne sont pas affranchies de cette loi.

Je me suis assuré, par des expériences faites en 1804, que les plantes ne peuvent vivre dans de récentes et fortes solutions de sucre, de mucilage, de tannin, de gelée et autres substances, à moins qu'elles n'aient subi la fermentation. J'en avais conclu que ce phénomène est indispensable pour élaborer les principes qui servent à la nutrition des espèces végétales. J'ai reconnu depuis que les effets délétères de ces dissolutions, provenaient de ce qu'elles étaient trop concentrées. Il est probable qu'elles obstruaient les organes des végétaux et interceptaient la transpiration des feuilles.

Je cherchai à vérifier cette idée l'année suivante : j'employai les mêmes dissolutions, mais étendues à un tel point qu'elles ne renfermaient que $\frac{1}{200}$ de matière solide, soit végétale, soit animale. Les plantes végétèrent dans toutes avec beaucoup de force, moins pourtant dans celle qui contenait du tannin; j'arrosai quelques tiges de graminées avec les différens liquides dont je parle, et d'autres avec de l'eau commune. La croissance des premières fut très-vigoureuse ; celles même qui avaient reçu le fluide chargé du principe tannant, se développèrent beaucoup mieux que celles qui n'avaient eu que de l'eau ordinaire.

J'ai aussi cherché à connaître si les substances végétales solubles s'introduisent sans altération dans les racines. J'ai fait l'analyse comparative de celles de diverses plantes de menthe, cultivées les unes dans l'eau commune, les autres dans une dissolution de sucre. 120 grains des secondes m'en ont donné 5 d'un extrait vert, pâle, douceâtre et susceptible d'être légèrement coagulé par l'alcool. La même quantité des premières en a produit trois et demi d'une substance extractive de couleur olive foncée, douce au goût, mais plus astringeante que celle dont il vient d'être question, et précipitant plus abondamment par l'esprit de vin.

Quoique ces résultats ne soient pas tout-à-fait décisifs, ils tendent néanmoins à prouver que les matières solubles sont absorbées sans altération. La teinte rouge que prennent les fibres radicales des plantes qui végètent dans les infusions de garance, confirment encore cette opinion ; et l'on peut admettre comme un fait pour ainsi dire hors de doute, que les

végétaux s'emparent même des substances vé-
néneuses qui les détruisent. Ainsi, j'ai tenu les
racines d'une tige de primerose dans une faible
dissolution d'oxide de fer et de vinaigre, jusqu'à ce que les feuilles dont elle était revêtue,
ayent jauni : réduites en poudre après avoir
été lavées avec soin dans l'eau distillée, elles ont
été bouillies dans le même liquide : la décoction
passée au filtre et traitée par une infusion de
noix de galles, manifesta une légère nuance de
pourpre : ce qui prouve que les vaisseaux ou
les pores dont elles sont couvertes, s'étaient
approprié une certaine quantité de dissolution
de fer.

Les substances végétales et animales qui se
consomment dans l'acte de la végétation, ne
contribuent à la nourriture des plantes, qu'en
leur fournissant des matières solubles dans l'eau
ou des gaz susceptibles d'être absorbés au
moyen des liquides contenus dans les feuilles.
Mais ces derniers s'échappent, se répandent
dans l'atmosphère, et ne produisent pas tout
l'effet dont ils sont capables. Le principal but,
cependant, qu'on se propose en faisant usage
des engrais, est de présenter aux racines le plus
possible de matières solubles, de ne l'administrer
que peu à peu et d'une manière graduelle, en

sorte qu'elle soit employée toute entière à
la formation de la sève et des parties organisées.

Les fluides mucilagineux, gélatineux, sacca-
rins, huileux, extractifs, et les solutions
d'acide carbonique dans l'eau, contiennent,
pour ainsi dire, tous les principes nécessaires
à la vie des plantes ; mais il est rare qu'on
puisse, dans leurs formes pures, les employer
comme engrais : les substances végétales qui
remplissent ces fonctions, renferment généralement un excès de matière fibreuse et insoluble, qui a besoin, pour devenir nutritive,
d'éprouver des altérations chimiques.

Il convient de donner une idée de la nature
de ces altérations, des causes qui les produisent, les accélèrent ou les retardent, ainsi
que des produits qui en résultent. Une matière
végétale fraîche, qui contient du sucre, du
mucilage, de l'amidon ou d'autres composés
solubles dans l'eau, exposée à l'action de l'air
et de l'humidité, à une température de 12 à
26 degrés, absorbe aussitôt de l'oxygène et
dégage de l'acide carbonique. Elle s'échauffe
et donne naissance à des fluides élastiques, mais
surtout à l'acide que je viens de nommer, à
l'oxide de carbone et à l'hydro-carbonate ;

un liquide d'un noir foncé, d'un goût légèrement aigre ou amer, se développe. La substance, abandonnée à elle-même pendant un
temps suffisant, se désorganise d'une manière
complète, et ne laisse pour résidu solide qu'un
peu de matière terreuse et saline colorée en
noir par du charbon.

Le fluide brun, auquel la fermentation donne
naissance, renferme toujours de l'acide acétique et de l'alcali volatil quand l'albumine
et le gluten entrent dans la composition de la
substance végétale. Plus celle-ci en contient,
plus, toutes choses égales d'ailleurs, elle se
décompose promptement. La fibre ligneuse
pure résiste lorsqu'elle est seule; mais alliée
à des substances moins fixes, qui renferment
une plus grande proportion d'oxygène et d'hydrogène, elle se résoud sans obstacles et se
dissocie. Les huiles fixes et volatiles, les ré-
sines, et la cire, exposées à l'action de l'air et
de l'eau, sont plus sujettes aux décompositions
que la fibre ligneuse, mais beaucoup moins que
les autres composés végétaux. Les corps les
plus inflammables deviennent peu à peu solubles par l'absorption de l'oxygène.

Les matières animales sont en général plus
susceptibles de se décomposer que les subs-

tances végétales : elles se putréfient, absorbent de l'oxygène, dégagent de l'acide carbonique, de l'ammoniaque, divers fluides élastiques, composés, fétides, ainsi que de l'azote ; elles donnent aussi des liquides colorés, acides, huileux, et déposent un résidu formé de sels, de matières terreuses et de carbone.

Les principales substances qui constituent les différentes parties des animaux, ou qui se trouvent dans le sang, les sécrétions, les ex-crémens, sont la gélatine, la fibrine, le mucus, la graisse, l'albumine, l'urée, l'acide urique et diverses matières acides, salines et terreuses.

La *gélatine* est cette substance qui, combinée avec l'eau, donne naissance à la gelée ; elle se putréfie fort aisément, et se compose, d'après MM. Gay-Lussac et Thénard, de

Carbone. 47, 88
Oxygène. 27, 207
Hydrogène 7, 914
Azote. 16, 998

Ces proportions ne peuvent être considérées comme définies, car elles n'ont de rapport avec aucun des multiples simples des nombres qui représentent les élémens. La même chose a lieu pour tous les composés animaux et les substances végétales elles-mêmes. Ainsi que nous l'avons déjà observé dans la troisième leçon , elles sont bien éloignées d'offrir ces relations simples qui existent dans les composés binaires susceptibles d'être formés artificiellement, tels que les acides , les alcalis , les oxides et les sels.

La *fibrine* constitue la base de la fibre musculaire des animaux. Le sang renferme une substance tout-à-fait semblable. Lorsqu'il est récent, et qu'on le bat , cette substance s'attache aux baguettes employées à cet usage. Elle n'est pas soluble dans l'eau. L'action des acides , comme l'a fait voir M. Hatchett , lui communique cette propriété , et la rend analogue à la gélatine. Elle est moins susceptible de se putréfier que celle-ci. D'après MM. Gay-Lussac et Thénard , 100 parties de fibrine sont composées de

Carbone. 53, 360
Oxygène 19, 685
Hydrogène 7, 021
Azote. 19, 934

Le *mucus* présente à peu près les mêmes caractères que la gomme végétale, et peut s'obtenir, suivant Bostock, en évaporant la salive. L'analyse n'en a pas été faite ; mais il est probable que sa composition diffère peu de celle de la substance avec laquelle nous venons de dire qu'il a de l'analogie. Il éprouve la putréfaction, mais moins vite que la fibrine.

Les *graisses et huiles animales* n'ont pas été analysées avec soin ; néanmoins, on peut supposer avec vraisemblance, qu'elles ont la même composition que les substances analogues du règne végétal.

L'*albumine* a déjà été examinée, et nous avons rendu compte de son analyse dans la troisième leçon.

L'*urée* se prépare en évaporant l'urine humaine jusqu'à consistance de sirop, et en traitant par l'alcool la substance cristallisée qui se dépose pendant le refroidissement. Elle se dissout dans ce liquide qu'on dégage ensuite au moyen de la chaleur. Elle est très-soluble dans l'eau, et précipite par l'acide nitrique étendu, sous forme de cristaux brillans et couleur de perle. Cette propriété la distingue de toutes les autres substances animales. D'après Fourcroy et Vauquelin, 100 d'urée donnent, quand on les distille,

Carbonate d'ammoniaque. . 92, 027
Gaz hydrogène carburé. . . 4, 668
Charbon. 3, 225

L'urée, mélangée avec l'albumine ou la gélatine, se putréfie promptement.

L'acide urique peut s'obtenir, ainsi que l'a fait voir de docteur Egan, en traitant l'urine humaine par un acide. Souvent il se précipite lui-même sous forme de cristaux couleur de brique. Il se compose de carbone, d'oxygène, d'hydrogène et d'azote; mais les proportions de ces élémens n'ont pas été déterminées. C'est une des substances animales les moins sujettes à la putréfaction.

Les altérations que les composés de ce règne éprouvent, varient suivant les principes dont ils sont formés. Quand ils contiennent beaucoup de matières salines et terreuses, les progrès de la décomposition sont moins rapides que lorsqu'ils renferment presque uniquement de la fibrine, de l'albumine, de la gélatine ou de l'urée.

L'ammoniaque, formée dans ces circonstances, est due à la combinaison de l'hydrogène et de l'azote, qui s'unissent au moment où ils se dégagent. Tous les autres produits sont analogues à ceux de la fermentation des substances végétales; et les principes solubles que les premiers renferment, abondent en ces élémens dont les secondes se composent, en carbone, hydrogène et oxygène.

Quand les engrais contiennent beaucoup de

matières solubles , il est évident qu'on doit employer tous les moyens possibles pour en empêcher la putréfaction. Elle n'est utile que dans le cas où ils sont principalement composés de fibre végétale et animale. Les circonstances qui la déterminent , pour les substances des deux règnes, sont une température supérieure à la congélation, la présence de l'eau et de l'oxygène.

Les fumiers , dont on veut prévenir la décomposition , doivent être desséchés , préservés du contact de l'air , et tenus aussi frais que possible.

Le sel et l'alcool conservent les substances animales et végétales , parce qu'ils s'emparent de l'eau qu'elles contiennent et qu'ils les soustraient à l'action de l'air. La glace produit le même effet, parce qu'elle abaisse la température.

La *Méthode* d'Appert, publiée tout récemment , est fondée sur l'exclusion du fluide qui nous environne. Elle consiste à remplir de viande ou de végétaux un vase de métal ou de verre , à en cimenter l'ouverture de manière à intercepter toute communication avec l'atmosphère , et à le tenir à moitié plongé dans l'eau bouillante, un temps suffisant pour cuire les productions qu'il renferme. La petite quantité d'oxygène retenue dans le bocal paraît être absorbée dans cette dernière opération. En effet, ayant ouvert une boête de fer étamé remplie de bœuf cru et exposée pendant un jour dans les circonstances que je viens de décrire, j'ai reconnu que le peu de fluide qui s'en dégageait, était un mélange d'acide carbonique et d'azote.

Si on avait dessein de conserver ces diverses substances en grand, pour les besoins de la marine ou des troupes, par exemple, je suis porté à croire qu'on y parviendrait d'une manière plus sûre, en introduisant dans les vases de l'acide carbonique, de l'hydrogène ou de l'azote, au moyen d'une pompe à compression, du genre de celle qu'on emploie pour préparer l'eau artificielle de Seltz. Les fluides auxquels la décomposition donne naissance ne pourraient se développer; et, suivant toute apparence, la pression contribuerait autant que le froid à préserver les substances de toute corruption.

Les engrais, étant formés en proportions diverses des principes nécessaires à la végétation, exigent des apprêts différens pour produire tous les effets dont ils sont susceptibles.

En conséquence, je vais entrer dans quelques détails sur les propriétés et la nature de ceux dont on fait communément usage, et donner quelques idées générales sur les meilleures méthodes de les conserver et de les appliquer.

Toutes les *plantes succulentes vertes* contiennent des matières saccarines ou mucilagineuses, de la fibre ligneuse, et fermentent promptement. On doit donc, si elles sont destinées à amender les terres, en faire usage aussitôt qu'elles sont privées de la vie.

Quand les *récoltes vertes* sont consacrées à améliorer le sol, elles doivent être enfouies pendant qu'elles sont en fleurs, ou même lorsque celles-ci s'épanouissent ; car c'est l'époque où les plantes contiennent la plus grande quantité de matière soluble, et où les feuilles remplissent mieux leurs fonctions. Les herbes marécageuses, les raclures de fossés et toutes les substances végétales fraîches n'exigent aucune préparation pour se convertir en engrais. Elles se décomposent peu à peu dans l'intérieur de la terre, les parties qui en sont susceptibles se dissolvent, et la fermentation légère qu'elles éprouvent, modérée par le manque d'air, tend à rendre la fibre ligneuse soluble, sans que les produits aériformes se dissipent avec

trop de promptitude. Quand les vieux pâturages sont rompus et restitués à l'agriculture,
le sol se trouve bonifié non-seulement par la
décomposition lente des végétaux qui ont déposé dans son sein des matières solubles, mais
encore par les feuilles et les racines des graminées vivantes qui occupaient une surface si
considérable au moment de l'opération. Elles
fournissent des substances saccarines, mucilagineuses et extractives qui alimentent immédiatement les récoltes, et dont la décomposition graduelle en développe pour les années
suivantes.

Les *tourteaux de navette* qui sont employés
avec succès pour amender les terres, contiennent une grande quantité de mucilage,
de la matière albumineuse et un peu d'huile.
On doit en faire usage pendant qu'ils sont ré-
cens, et les tenir secs jusqu'à ce qu'on les
applique. Ils favorisent singulièrement la
végétation, et la manière la plus économique
de les utiliser consiste à les répandre sur le sol
en même temps que la semence. Ceux qui
veulent voir cette pratique dans toute la perfection dont elle est susceptible, doivent se
transporter à la fête annuelle de la tonte, chez
M. Coke à Holkham.

La *poussière de drèche* est composée, en grande partie, de radicules détachées du grain. Je n'ai pu faire d'expériences sur cet engrais, mais la quantité de matière saccarine qu'il contient semble expliquer la force avec laquelle il excite la végétation. Il doit, comme le précédent, être employé aussi sec que possible, et sans avoir fermenté.

Les *tourteaux de graines de lin* sont trop recherchés par les bestiaux pour être employés à féconder la terre. Nous en avons donné l'analyse dans la troisième leçon. Les eaux dans lesquelles on a fait rouir le *lin et le chanvre* jouissent aussi d'une grande puissance de fertilisation ; elles paraissent contenir une substance analogue à l'albumine, et de la matière végétale extractive en abondance. Elles se putréfient promptement ; les tiges qu'elles recouvrent subissent une certaine fermentation avant que l'épiderme se détache, et le liquide chargé des principes qui se développent doit être employé aussitôt qu'on les retire.

Sur les côtes d'Angleterre et d'Irlande, on fait une grande consommation de plantes marines, de fucus, d'algues et de conferves. En traitant par l'eau bouillante le fucus commun, j'ai obtenu un huitième de cette substance gélatineuse fort analogue au mucilage. Distillé, il a fourni près des quatre cinquièmes de son poids d'un liquide empyreumatique et légèrement aigre; mais il n'a pas dégagé d'ammoniaque. Les cendres contenaient du sel marin, du carbonate de soude; et de la matière charbonneuse. Les produits gazeux étaient peu considérables, et presque totalement composés d'acide carbonique, de gaz, d'oxide de carbone et de quelques traces d'hydro-carbonate. L'action de cet engrais est passagère, et ne se fait pas sentir au-delà d'une récolte; ce qui s'explique facilement, à raison de la grande proportion d'eau ou des élémens de ce fluide que les varecks renferment : exposés à l'action de l'air, ils se décomposent, se dissolvent et se dissipent sans produire de chaleur ni de fermentation sensible. J'en ai vu un amas énorme se détruire en moins de deux ans, et ne laisser pour résidu qu'un peu de matière fibreuse noire.

J'ai mis la partie la plus ferme d'un fucus dans une jarre fermée et remplie d'air atmosphérique; au bout d'une quinzaine, cette partie de plante était ridée d'une manière complète, et les parois du vase couverts de rosée. Le fluide aériforme avait perdu son oxygène, et contenait du gaz acide carbonique.

On laisse quelquefois fermenter les plantes marines avant de les employer. C'est une méthode tout-à-fait vicieuse ; les algues ne renferment pas de matières fibreuses qui puissent devenir solubles pendant l'opération, et se détruisent en pure perte.

Les meilleurs fermiers de l'Angleterre occidentale les enfouissent aussi fraîches qu'ils peuvent, et les résultats qu'ils obtiennent sont exactement conformes à ceux que la théorie annonce. L'acide carbonique qui se développe, est en partie dissous par l'eau que le phénomène dégage, et devient susceptible d'être absorbé par les racines des plantes.

Les effets que produisent ces sortes d'engrais, sont dus principalement au gaz acide dont nous venons de parler, et au mucilage soluble qu'ils contiennent. J'ai trouvé que des fucus qui avaient perdu environ la moitié de leur poids par la fermentation, donnaient moins de $\frac{1}{12}$ de matière mucilagineuse. J'en conclus que cette substance est en partie détruite pendant que les plantes se décomposent.

La *paille sèche*, de blé, d'avoine, d'orge, de fèves et de pois, le foin gâté et toute autre espèce analogue de matière végétale desséchée, forment un utile engrais. Toutes ces substances sont généralement soumises à la fermentation, avant d'être employées. Il est cependant douteux que cette méthode doive être adoptée sans réserve.

400 grains de paille d'orge sèche m'en ont donné huit d'une manière soluble dans l'eau, de couleur brune et d'un goût analogue à celui du mucilage ; la même quantité de paille de blé n'en a produit que cinq d'une substance semblable.

Il n'est pas douteux que la paille de différentes céréales immédiatement enfouie dans le sol, ne contribue à la nutrition des plantes ; mais on objecte les difficultés qu'elle présente dans la pratique : ses longues tiges sont difficiles à couvrir, et rendent l'aspect des champs difforme.

Elle n'offre plus les mêmes obstacles quand elle a fermenté, mais alors elle a perdu une bonne partie des substances nutritives qu'elle renferme. Sans doute elle profite plus à la première récolte, mais elle bonifie moins la terre, que si toute la matière végétale dont elle se compose était bien divisée et mélangée dans le sol.

On est dans l'habitude de faire fermenter les pailles qui ne sont destinées qu'à être converties en engrais. Il serait important de rechercher s'il n'y aurait pas de l'économie à la hacher au moyen de quelque machine, et à la tenir sèche jusqu'au moment où on en fait usage. Dans ce cas, la décomposition lente qu'elle éprouve, produit d'abord moins d'effet, mais elle amende le sol d'une manière durable.

La *fibre végétale pure* est la seule substance de ce règne qui ait besoin de fermenter, pour devenir propre à la nutrition des plantes; il en est de même du tan épuisé. Young, dans son excellent Traité des Engrais, assure « que » ce corps semble plutôt contraire que favora- » ble à la végétation, » effet que cet agronome attribue à la matière astringente qu'il contient. Mais, il a été dépouillé, dans la fosse, de tous les principes solubles qu'il renferme; et s'il est funeste aux récoltes, c'est probablement par son action mécanique ou par la force avec laquelle il agit sur l'eau. Il absorbe, retient l'humidité avec beaucoup d'énergie, et n'est pas néanmoins pénétrable aux racines.

La *matière tourbeuse inerte* est une substance du même genre. Elle reste pendant des années entières exposée à l'action de l'eau et de l'air sans éprouver de putréfaction, et ne contribue en cet état que peu ou point à la nutrition des plantes.

La fibre ligneuse ne fermente pas, à moins qu'elle ne soit en contact avec quelque substance qui agisse à la manière du mucilage, du sucre, des matières extractive ou albumineuse auxquelles elle est unie dans les gramens et les végétaux succulens. Lord Meadowbank a judicieusement recommandé l'emploi du fumier de basse - cour, pour mettre les tourbes en fermentation. Toute autre matière susceptible d'une prompte putréfaction est également bonne; celle qui s'échauffe davantage et se décompose plus vite est la meilleure.

Le même agronome estime qu'une partie de fumier est suffisante pour rendre trois ou quatre parties de tourbe propres à être employées comme engrais; mais la proportion ne peut être fixe, elle doit nécessairement varier suivant la nature des deux substances. Si la seconde contient encore quelques végétaux qui jouissent de la vie, elle s'altère beaucoup plus promptement.

Il est probable que le tan épuisé, les copeaux, la sciure de bois exigent une dose aussi forte de cet ingrédient que la plus mauvaise espèce de tourbe.

La fibre ligueuse peut aussi être convertie en engrais au moyen de la chaux. Nous en parlerons dans la leçon suivante en discutant les effets de cet alcali sur les sols.

D'après l'analyse de la fibre ligneuse, publiée par Gay-Lussac et Thénard (analyse qui prouve que cette substance est principalement composée des élémens de l'eau et d'une quantité de carbone supérieure à celle que renferment les autres végétaux), il est clair que tout procédé qui tend à la dépouiller de sa matière charbonneuse doit la rapprocher de la composition des principes solubles. Or, c'est ce qui s'effectue pendant qu'elle fermente, au moyen de l'absorption de l'oxygène et de la production de l'acide carbonique. La chaux, ainsi que nous le ferons voir, produit les mêmes effets.

Les cendres de bois imparfaites, c'est-à-dire les cendres qui contiennent encore beaucoup de charbon, passent pour un engrais qu'on emploie avec avantage. Une partie des effets qu'elles produisent est due à la consommation lente et graduée de ce corps qui paraît susceptible d'absorber l'oxygène, et se transformer en acide carbonique dans des circonstances indépendantes de celles d'une véritable combustion.

Au mois d'avril 1803, j'enfermai du charbon bien consumé, dans un tube plein de volumes égaux d'eau pure et d'air ordinaire ; je le scellai hermétiquement, et l'abandonnai jusqu'au printemps de l'année suivante.

Je l'ouvris dans la cuve pneumatique, lorsque la température et la pression atmosphériques furent à peu près les mêmes qu'au commencement de l'expérience. Le liquide s'éleva dans l'appareil ; d'un autre côté, traité par la chaux, il précipita abondamment. L'air dégagé par la chaleur, et analysé, ne contenait plus que sept pour cent d'oxygène ; en sorte qu'il n'est pas douteux qu'il se fût formé de l'acide carbonique.

Les engrais qui proviennent des substances animales n'exigent pas en général de préparations *chimiques* avant d'être employés. L'agriculteur n'a qu'à les mélanger avec les principes terreux dans un état de division convenable, et à faire en sorte qu'ils ne se décomposent pas d'une manière trop rapide.

On ne fait pas communément usage des muscles d'animaux terrestres pour amender les sols. Dans plusieurs circonstances, néanmoins, l'application en serait facile. Les chevaux, les chiens, les moutons, les daims ou autres quadrupèdes, qui périssent ou meurent, restent souvent, après qu'ils ont été dépouillés

de leur peau, exposés à l'action de l'air et
de l'eau, jusqu'à ce que les oiseaux carnas-
siers les ayent dévorés ou qu'ils soient entièrement détruits. La plus grande partie des
principes dont ils se composent, est perdue
pour la terre sur laquelle ils sont étendus, et
les vapeurs méphitiques qu'ils exhalent corrompent l'atmosphère.

Si on recouvrait ces cadavres de cinq à six
fois leur volume de terre, allié à une partie
de chaux, et qu'on les abandonnât pendant
quelques mois, elles se satureraient l'une et
l'autre de matières solubles, et se converti-
raient en excellent engrais. De petites quantités de chaux vive, ajoutées au moment où on
en ferait usage, préviendraient les miasmes, et
serviraient elles-mêmes à fertiliser les champs.

Les poissons remplissent très-bien le même
objet en quelque état qu'on les applique. On
doit néanmoins se hâter de les enfouir; mais il
ne faut en faire usage qu'à petites doses. Young
rapporte que des harengs employés pour amender une pièce de terre, donnèrent une récolte de
blé si magnifique, qu'elle se coucha entièrement
avant d'avoir atteint l'époque de sa maturité.

Dans le Cornwal, on se sert avec beaucoup
de succès des rebuts de sardines. On les mêle

avec un peu de sable et quelquefois avec des plantes marines, pour modérer le luxe de végétation qu'elles produisent. Leur influence est sensible pendant plusieurs années.

Dans les marais du Lincoln, de Cambridge et de Norfolk, on prend, quand les eaux sont basses, une quantité si considérable de petits poissons, qu'ils forment la majeure partie des engrais consommés dans le voisinage.

Il est facile de se rendre compte du grand effet qu'ils produisent. La peau dont ils sont revêtus est pour ainsi dire entièrement formée de gélatine que son faible état de cohérence rend incapable de résister long-temps à l'action dissolvante de l'eau. De la graisse, de l'huile, se trouvent au-dessous ou dans quelques-uns des viscères, et la matière fibreuse qu'ils renferment est pourvue de tous les élémens essentiels dont se composent les substances végétales.

Parmi les matières huileuses, on fait usage de celles de baleines et de diverses autres. Elles sont excellentes quand elles sont mêlées avec le sol et bien exposées à l'air dont l'oxygène les rend en partie solubles. Lord Sommerville a retiré de grands avantages de l'emploi des 1res dans sa terre de Surey. L'influence s'en est fait sentir plusieurs années de suite. Le carbone et l'hy-

drogène qui abondent dans ces sortes de substances, la manière lente dont elles s'altèrent par
le concours de l'air et de l'eau, expliquent assez
les effets qu'elles produisent et la durée qu'elles
obtiennent.

On consomme beaucoup d'*os* dans les alentours
de Londres. On les pulvérise et on les fait bouillir pour en retirer la graisse, après quoi on les
vend aux agriculteurs. Plus ils sont divisés, plus
ils sont efficaces. Il est probable qu'il y aurait
de l'avantage à les moudre, et que la dépense
serait compensée par la puissance de fertilisation qu'ils acquerraient. Ils seraient susceptibles alors d'être employés dans les cultures à
sillons, de la même manière que les tourteaux
de graines de navette.

La poussière, les rognures, les débris d'os
peuvent également devenir utiles.

La base de ce corps se compose de sels terreux, principalement de phosphate, de carbonate de chaux et de phosphate de magnésie ; les
substances facilement décomposables qu'il
renferme sont la graisse, la gélatine, et le
cartilage, dont la nature ne paraît pas différer
de celle de l'albumine coagulée.

D'après Fourcroy et Vauquelin, les os de
bœuf sont formés de

Matière animale décomposable. 51
Phosphate de chaux. 57, 7
Carbonate de chaux. 10
Phosphate de magnésie. 1, 5
____
100, 0

M. Merat-Guillot a donné le tableau suivant de la composition des os de différens animaux.

	Phosphate de chaux.	Carbonate de chaux.
Os de veau.	54	
— de cheval.	67, 5	1, 25
— de mouton.	70	5
— d'élan.	90	1
— de cochon.	52	1
— de lièvre.	85	1
— de poulet.	72	1, 5
— de brochet.	64	1
— de carpe.	45	5
Dents de cheval.	85, 5	25
Ivoire.	64	1
De corne de cerf.	27	1

Les parties qui forment le complément de ces divers nombres à 100, doivent être considérées comme de la matière animale décomposable.

La *corne* est encore supérieure aux os pour amender les terres; elle contient beaucoup plus de matière animale décomposable. 500 grains

de celle de bœuf n'ont donné à M. Hatchett que
1, 5 de résidu terreux, dont un peu moins de la
moitié était du phosphate de chaux. Les rognures
de cette substance forment un excellent engrais,
mais elles ne sont pas assez abondantes pour
qu'on puisse en faire un usage bien étendu. La
matière animale qu'elles contiennent paraît être
de même nature que l'albumine coagulée, et ce
n'est qu'à la longue qu'elle devient soluble.
Les principes terreux qui font partie de la
corne, ceux surtout que l'os renferme, la
préservent d'une putréfaction trop rapide, et
rendent ses effets plus durables.

*Les cheveux, les débris de laine et les
plumes* ont une composition analogue, et sont
principalement formés d'une substance semblable à l'albumine combinée avec la gélatine,
ainsi que le prouvent les ingénieuses recherches de M. Hatchett. La théorie des effets
qu'ils produisent est la même que celle des
rognures d'os et de cornes.

Les *rebuts* des manufactures de *peaux* et de
cuirs deviennent d'excellens engrais; telles
sont les rognures du corroyeur, du pelle-
tier, etc. La gélatine que chacune d'elles renferme, est toute disposée à éprouver une décomposition graduelle; enfouie dans le sol,

elle dure pendant un temps considérable, et contribue à la nutrition des plantes.

Le *sang* contient tous les principes qui se trouvent dans les autres substances animales, et donne à la terre une fertilité prodigieuse. La fibrine et l'albumine entrent, ainsi que nous l'avons déjà dit, dans sa composittion, et les particules rouges que divers chimistes supposaient colorées par du fer, dans un état particulier de combinaison avec l'oxygène et une matière acide, sont considérées par M. Brande comme formées d'une substance animale particulière et d'un peu de fer.

L'écume des chaudières de rafineries, employée aux mêmes usages, se compose principalement du sang de bœuf qui a servi à purifier le sucre brut. La matière albumineuse qu'il contient se coagule par la chaleur et entraîne les impuretés.

Les différentes espèces de *corail*, de *coralines* et d'*éponges*, doivent être considérées comme des substances d'origine animale. Toutes contiennent, d'après l'analyse de M. Hatchett, des quantités considérables d'une matière analogue à l'albumine coagulée ; l'éponge donne même de la gélatine.

Suivant Merat-Guillot, le corail blanc est composé de parties égales de substance animale et de carbonate de chaux, le rouge de

Matière animale. 46, 5
Carbonate de chaux 53, 5

La coraline articulée résulte de

Matière animale 5i
Carbonate de chaux 49

Je ne crois pas que ces substances aient jamais été employées en Angleterre comme engrais, si ce n'est dans le cas où elles se trouvent accidentellement mêlées avec les plantes marines; mais il est probable qu'on pourrait faire un usage avantageux des coralines qui se rencontrent en quantités considérables sur les roches et au fond des étangs rocailleux, dans plusieurs endroits de la côte, où les terres déclinent peu à peu vers la mer. On pourrait les détacher avec la houe, et les recueillir sans beaucoup de peine.

De tous les excrémens animaux que l'agriculture consomme, *l'urine* est celle qui a été soumise le plus souvent aux épreuves chimiques, et dont la nature est la mieux connue.

Celle de vache, d'après l'analyse de M. Brande, contient :

Eau. 65
Phosphate de chaux. 3
Muriate de potasse et d'ammo-
    niaque. 15
Sulfate de potasse. 6
Corbonates de potasse et d'am-
    moniaque 4
Urée. 4

D'après Fourcroy et Vauquelin, l'urine de cheval est composée de

Carbonate de chaux 11
Idem de soude. 9
Benzoate de soude. 24
Muriate de potasse. 9
Urée 7
Eau et mucilage 940

Indépendamment de ces substances, M. Brande a trouvé qu'elle renferme encore du phosphate de chaux.

Les urines d'âne, de chameau, de lapin et des volailles de basse-cour, soumises à diverses expériences, ont présenté une constitution semblable. Vauquelin a découvert, en outre, de la gélatine dans celle de lapin, et de l'acide urique dans celle des volailles domestiques.

L'urine humaine est , de toutes , celle qui contient un plus grand nombre de principes. Elle contient de l'urée , de l'acide urique, une substance analogue appelée acide rosacique , de l'acide acétique , de l'albumine , de la gélatine , une matière résineuse , et divers sels.

Sa composition varie suivant l'état du corps et la nature des alimens , des boissons dont on fait usage. Dans plusieurs maladies, elle devient plus abondante en gélatine et en albumine ; celle des diabettes contient du sucre.

Il est probable que l'urine du même animal change suivant les substances nutritives qu'il consomme. C'est sans doute à cette cause qu'il faut rapporter les discordances des analyses qui ont été publiées.

Elle se putréfie très-promptement ; celle des carnivores beaucoup plus vite encore que celle des herbivores. Elle se corrompt d'autant plutôt qu'elle est plus chargée de gélatine et d'albumine.

Les urines qui en renferment davantage, sont celles qui fertilisent mieux la terre. Elles tiennent toutes en dissolution les principes essentiels des végétaux.

La plus grande partie de la matière animale

soluble se détruit pendant qu'elles subissent la putréfaction. Elles doivent, en conséquence, être employées pendant qu'elles sont fraîches. Si on ne les mélange pas avec des substances solides, il faut les étendre. Pures, elles renferment une trop grande quantité de matière animale, pour former un fluide nutritif que les racines des plantes puissent absorber.

L'urine putréfiée contient beaucoup de sels à base d'ammoniaque. Quoique moins active que quand elle est fraîche, elle est encore un très-bon engrais.

D'après l'analyse publiée récemment par Berzélius, 1000 parties d'urine sont composées de

<pre>
Eau   933
Urée 30, 1
Acide urique   1
Muriates d'ammoniaque ,
    acide lactique libre , lac-
    tate d'ammoniaque et ma-
    tière animale 17, 14
</pre>

Le reste se compose de différens sels, de phosphates, sulfates et muriates (1).

Parmi les substances excrémentielles solides,

____

(1) Voyez la note A à la fin du volume.

dont on fait usage comme engrais, une des plus puissantes est la *fiente des oiseaux* qui se nourrissent de *matières animales*. Celle des oiseaux marins mérite surtout la préférence. Le *guano*, dont on consomme une si grande quantité dans l'Amérique méridionale, et qui fertilise les plaines arides du Pérou, est une production de cette espèce. On en trouve abondamment, ainsi que nous l'apprend M. de Humboldt, dans les petites îles de Chinché, d'Ilo, d'Iza et d'Arica, dans la mer Pacifique. Cinquante bâtimens, chargés de 1500 à 2000 pieds cubes de cette substance, sont annuellement expédiés, du premier de ces lieux. On ne l'emploie qu'en très-petites quantités, et spécialement pour récoltes de maïs. J'ai fait quelques expériences sur des échantillons de guano, envoyés au comité d'agriculture en 1805. Il avait l'aspect d'une poudre fine et brunâtre; il noircissait par la chaleur, et répandait de fortes exhalaisons ammoniacales. Traité par l'eau forte, il dégageait de l'acide urique. Fourcroy et Vauquelin en publièrent, en 1806, une analyse faite avec beaucoup de soin. Ils établirent que cette substance renferme un quart de son poids d'acide urique, en partie saturé par l'ammoniaque et en partie par la potasse, un peu d'acide phosphorique combiné avec les mêmes bases et avec la chaux, de faibles quantités de sulfate et muriate de potasse, de matière grasse et de sable quartzeux.

Sa puissance de fertilisation est facile à concevoir. Sa composition seule indique qu'elle doit être un excellent engrais. Elle a besoin d'eau pour dissoudre la matière soluble qu'elle renferme, et la mettre en état de produire tous les effets dont elle est susceptible.

La fiente des oiseaux de mer n'a pas été éprouvée en Angleterre; mais il est probable que le sol même des petites îles qui sont en vue de nos côtes, et qu'ils fréquentent beaucoup, pourrait être employé avec succès. Une certaine quantité de ces déjections, détachées d'une roche du Merionetshire, et répandues sur une prairie, a exercé une influence considérable, mais passagère. L'épreuve en a été faite à ma demande par sir Robert Vaughan, à Nannau.

Dans nos climats, les pluies affaiblissent ces sortes d'engrais qu'elles lavent fréquemment aussitôt qu'ils sont déposés; mais il y a apparence que les cavernes, les fentes de rochers, où les cormorans et les mouettes se retirent, en

3*

recèlent des masses plus ou moins considérables dans un état de grande perfection.

J'ai fait l'analyse de la fiente du premier de
ces volatils, que j'ai recueillie près du cap Lé-
zard, dans le Cornwal. Elle n'avait pas tout-à-
fait l'aspect du guano ; elle était d'un blanc
grisâtre, exhalait une odeur fétide, analogue
à celle de la matière animale putréfiée. Mise en
contact avec la chaux vive, elle dégageait de
l'ammoniaque en abondance, et donnait de
l'acide urique quand on la traitait par l'eau-
forte.

La *poudrette* est bien connue. C'est un excellent engrais qui ne tarde pas à se décomposer. Sa nature varie ; mais elle abonde constamment en substances formées de carbone,
d'hydrogène, d'azote et d'oxygène. D'après
l'analyse de Berzélius, elle est en partie soluble
dans l'eau. Employée récente ou consumée,
elle favorise singulièrement la végétation des
plantes.

L'odeur infecte qu'elle répand est détruite au
moyen de la chaux vive. Exposée, pendant la
belle saison, en couches peu épaisses, et mélangée avec cette terre, à l'action de l'atmosphère, elle se dessèche bientôt, se pulvérise, et
peut être étendue comme les tourteaux de

graines de navette, et distribuée dans les sillons en même temps que les semences.

Les Chinois, si supérieurs aux autres peuples par les connaissances pratiques qu'ils possèdent, sur l'usage et l'application des engrais, allient ces déjections animales avec le tiers de leur poids de marne grasse; ils en forment des gâteaux, les moulent, et les font sécher au soleil. Les missionnaires français nous apprennent que ces gâteaux n'ont aucune odeur désagréable, et forment un objet de commerce dans l'empire.

Suivant toute apparence, la terre prévient, par son affinité pour l'eau, l'action que l'humidité exerce sur la poudrette, et la défend aussi en partie contre les effets de l'air (1).

L'engrais qui mérite la préférence après celui dont il vient d'être question, est la *fiente de pigeons*. 100 grains, digérés pendant quelques heures dans l'eau chaude, m'en ont donné 25 de matière soluble, qui, soumise à la distillation, dégageait en abondance du carbonate d'ammoniaque, et laissait pour résidu des matières charbonneuses, du carbonate de chaux et des substances salines presque entièrement composées de sel commun. Les excrémens de pigeons, humides, fermentent

____

(1) Voyez la note B à la fin du volume.

promptement, et contiennent, après avoir subi le phénomène, moins de principes solubles qu'auparavant. 100 parties de ces déjections, ainsi altérées, n'ont produit que 8 de matière soluble, qui développe, lorsqu'on la distille, une quantité de carbonate d'ammoniaque proportionnellement moindre que dans le premier cas.

Il est donc évident que cet engrais doit être employé aussi frais que possible. Quand il est desséché, on l'applique comme tous ceux qui sont susceptibles de se réduire en poudre.

Le sol des bois où les pigeons sauvages vivent en si grandes troupes, est souvent recouvert d'une quantité considérable de leurs excrémens, et peut être employé avec beaucoup de succès pour amender les terres. Distillé avec la chaux, il dégage de l'ammoniaque. Chaque année, les débris des feuilles s'accumulent sur ces déjections, et se transforment en matières solubles.

Les excrémens des *volailles domestiques* se rapprochent beaucoup de la nature de ceux des pigeons, et contiennent de l'acide urique. Distillés, ils donnent naissance à de l'ammoniaque, et se résolvent en matières solubles dans l'eau. Ils entrent très-facilement en fermentation.

Les tanneurs emploient un mélange de fientes de poules et de pigeons pour communiquer une légère putréfaction aux peaux destinées à la fabrication des cuirs souples. On le délaye dans l'eau, où il ne tarde pas à produire l'effet désiré. Les excrémens de chiens remplissent le même objet. Dans tous les cas, le résidu des fosses où cette préparation est mise en œuvre doit former un excellent engrais.

On n'a pas fait l'analyse des *excrémens de lapins*. M. Fane en trouve l'usage si avantageux, qu'il élève ces animaux pour le fumier qu'ils produisent. Il faut le consommer aussi frais que possible; il est moins bon lorsqu'il est fermenté.

Einhoff et Thaer ont analysé les fientes des bestiaux, celles des bœufs et des vaches. Elles contiennent des matières solubles dans l'eau, et engendrent, par la fermentation, les mêmes produits que les substances végétales; elles absorbent de l'oxygène, et développent de l'acide carbonique.

Les *fientes récentes de mouton et de daim*, soumises à l'ébullition, donnent en poids deux ou trois pour cent de matières solubles. J'ai fait l'analyse de celles-ci. Elles contiennent une petite quantité de substance analogue au mucus animal, et sont en grande partie composées d'un extrait amer soluble dans l'eau et l'alcool. Elles dégagent des vapeurs ammoniacales quand on les distille, et paraissent avoir une composition presque identique.

J'ai arrosé, pendant plusieurs jours de suite, des plantes avec ces extraits. Elles sont devenues plus vertes, et ont végété avec plus de force que les tiges qui, placées dans les mêmes circonstances, ne recevaient pas cette préparation.

La partie du fumier de bestiaux, de mouton et de daim, qui résiste à l'action de l'eau, paraît n'être que de la fibre ligneuse. Elle est tout-à-fait analogue au résidu des végétaux dont ils se nourrissent, lorsque ces substances ont été dépouillées de tous les principes solubles qu'elles contiennent.

Le fumier de cheval donne un fluide de couleur brune, qui dépose, par l'évaporation, un extrait amer, dont on obtient des vapeurs ammoniacales beaucoup plus abondantes que de celui de bœuf.

Si les déjections des bestiaux sont employées pour amender les terres, ainsi que les autres espèces d'engrais dont nous avons parlé, il n'y a aucun motif pour leur faire éprouver la fermentation avant d'en faire usage. Si on souffre qu'elle s'établisse, il faut au moins l'arrêter promptement. L'herbe qui pousse dans le voisinage de celles qui ont été enfouies sur-le-champ, est toujours d'une végétation forte et d'un vert noirâtre. Quelques personnes attribuent cette circonstance à ce que le fumier n'a pas fermenté; mais il est beaucoup plus probable qu'elle tient à un excès de substances nutritives administrées aux plantes.

La question relative à la méthode la plus avantageuse d'appliquer ces fumiers, rentre dans celle des *engrais composés;* car ils sont ordinairement formés d'un mélange d'excrémens, de paille, et autres débris dont se compose la litière; de plus, ils contiennent souvent une grande quantité de matière fibreuse végétale.

Un léger commencement de fermentation est d'une utilité incontestable. Il dispose la fibre ligneuse, qui abonde toujours dans les immondices qu'on recueille autour d'une ferme, à se décomposer et à se dissoudre, quand elle est répandue sur la terre ou enfouie dans le sol.

Une putréfaction trop avancée est extrêmement préjudiciable aux fumiers composés. Il vaut mieux que la masse n'ait pas fermenté du tout avant qu'on en fasse usage, que d'avoir été trop loin. C'est une conséquence des principes que nous avons posés dans le cours de cette leçon. Le phénomène, poussé au-delà des bornes qu'il doit avoir, dissipe les parties les plus efficaces de l'engrais, et produit en défi-nitif les mêmes effets que la combustion.

Les fermiers ont l'habitude de laisser fer-menter leurs fumiers jusqu'à ce que la texture fibreuse de la matière végétale soit rompue, que l'engrais soit tout-à-fait froid, et si doux qu'il se coupe à la bêche.

Indépendamment des objections fondées sur la nature et sur la composition des subs-tances végétales que la théorie suggère, une foule d'observations et de faits démontrent que cette méthode est préjudiciable aux intérêts de ceux qui l'emploient.

Pendant la violente fermentation qui est né-cessaire pour putréfier les fumiers d'étable, au point qu'ils n'offrent plus qu'une masse savon-neuse et liante, les engrais éprouvent de telles pertes par les liquides et les gaz qui s'en dégagent, qu'ils se réduisent de la moitié aux deux tiers de leur poids. La plus grande partie des fluides aériformes se compose d'acide carbonique et d'ammoniaque, qui concourent l'un et l'autre, si l'humidité les retient dans le sol, à la nu-trition des plantes.

Au mois d'octobre 1808, je remplis de ce fumier une cornue capable de contenir trois pintes d'eau, à laquelle était adapté un petit récipient, et je la disposai sur la cuve à mercure, afin de recueillir tous les produits qui se dégageraient. Le réservoir ne tarda pas à être tapissé de gouttelettes qui coulèrent bientôt le long des parois du vase, et les fluides élastiques se développèrent presque aussitôt. En trois jours, il s'en forma 35 pouces cubes, qui en contenaient 21 d'acide carbonique. Le reste était de l'hydro-carbonate mélangé avec un peu d'azote, dont la proportion était probablement la même, dans le récipient, que dans l'air commun. La matière fluide, recueillie en même temps, s'élevait à près d'une demi-once. Elle était saline, d'une odeur désagréable, contenait un peu d'acétate et de carbonate d'ammoniaque.

Ces résultats me suggérant l'idée d'une autre expérience, j'appliquai le bec d'une cornue, remplie des mêmes substances, sous les racines d'un gazon qui faisait partie de la bordure d'un jardin. En moins d'une semaine, l'effet était devenu sensible; l'herbe contrastait fortement avec celle qui ne recevait aucune des émanations de la cornue, et végétait avec une force extraordinaire.

La dissipation des gaz n'est pas le seul désavantage que produise la fermentation poussée à l'extrême, elle cause encore une perte de *chaleur*. Celle-ci, developpée dans le sol, eût provoqué la germination des semences, et facilité l'expansion des plantes, tant qu'elles sont faibles et sujettes à périr. Elle eût surtout été utile au blé, qu'elle eût maintenu dans une douce température pendant l'arrière-automne et l'hiver.

En outre, c'est un axiôme en chimie, que les principes se combinent bien plus facilement lorsqu'ils se dégagent, que lorsqu'ils sont tout-à-fait libres. Dans la fermentation que les substances enfouies éprouvent, à mesure que les fluides se forment, ils se trouvent en contact avec les organes des plantes; ils sont encore chauds au moment où ils s'introduisent dans les racines, et sont bien plus efficaces que si l'engrais eût été putrifié avant qu'on en fît usage.

Les ouvrages des agronomes instruits sont pleins de faits qui militent en faveur de la méthode que je recommande; Young, dans son *Essai* sur les engrais, invoque une foule d'excellentes autorités, pour en faire sentir les avantages. Plusieurs personnes, long-temps incertaines, se sont enfin rendues à l'évidence, et il n'existe pas peut-être de sujets de recherches sur lequel il y ait une coincidence aussi parfaite entre les résultats de la théorie et ceux de la pratique. J'en ai vu, pendant ces dix dernières années, de fréquens exemples. Je me bornerai à citer celui qui doit avoir, et qui, j'en suis sûr, aura la plus grande influence parmi les cultivateurs. Depuis sept ans, M. Coke a tout-à-fait renoncé à l'ancien système qu'il suivait pour la conduite des engrais; il les applique frais, et m'annonce qu'ils durent presque deux fois autant, et que les récoltes sont aussi belles que jamais.

Une grande objection qu'on élève contre les fumiers légèrement fermentés, c'est qu'ils développent avec force les mauvaises herbes dans tous les endroits où on les applique. S'ils en renferment les graines, elles germeront, la chose n'est pas douteuse : mais ce cas particulier n'aura jamais lieu bien en grand. Si la terre est infectée, qu'elle contienne les semences des plantes dont il s'agit, toute espèce d'engrais, qu'il soit ou non putréfié, favorisera leur croissance. Quand on emploie sur les prairies celui qui n'est que légèrement décomposé, il faut, aussitôt que l'herbe pousse avec vigueur, en rassembler les débris au moyen du rateau, et les reporter dans la basse-cour. En suivant cette méthode, on ne fera aucune perte, et la culture sera propre et économique.

Lorsqu'on ne peut appliquer de suite les engrais, il faut, autant que possible, les empêcher de fermenter. Nous avons déjà indiqué les principes au moyen desquels on peut y parvenir.

Il faut les abriter avec soin du contact de l'oxygène répandu dans l'air : une couche de marne compacte ou d'argile tenace, est ce qu'on peut employer de mieux ; mais il faut les dessécher autant que les circonstances le permettent, avant de les couvrir entièrement. Si on s'aperçoit qu'ils s'échauffent, il faut les retourner et les refroidir en les aérant.

On recommande quelquefois de les humecter, pour ralentir les progrès de la fermentation ; mais cette pratique est tout-à-fait mauvaise. La température baisse, en effet ; mais l'humidité, ainsi que nous l'avons observé précédemment, est un des principaux agens qui concourent à la décomposition de toute espèce de substances. Les matières fibreuses sèches ne l'éprouvent jamais. L'eau est aussi nécessaire que l'air à la production du phénomène : en répandre sur une masse qui fermente, c'est lui fournir le principe qui doit hâter sa destruction.

Dans tous les cas, lorsque les fumiers se putréfient, il y a des moyens simples à l'aide desquels on peut connaître la rapidité avec laquelle ils se décomposent, et conséquemment la détérioration qu'ils ont déjà subie.

Si un thermomètre, plongé dans la masse, ne s'élève pas au-dessus de 38°, il n'y a pas de danger qu'elle se dissipe en produits aériformes ; s'il monte davantage, il faut la découvrir et l'étendre sans délai.

Si un morceau de papier, plongé dans l'acide muriatique, est exposé aux vapeurs qui s'échappent du fumier, et donne une fumée épaisse ; cette circonstance indique qu'il se dégage de l'alcali volatil, et que la décomposition est trop avancée.

Quand les engrais doivent être conservés quelque temps, le choix du lieu où on les dépose est important. Il ne faut pas, autant que possible, qu'ils soient exposés au soleil. On les tient à l'ombre, ou on les adosse à un mur tourné au nord. L'aire sur laquelle ils reposent doit

être pavée en pierres plates, et un peu con-
cave. Des conduits doivent aboutir au centre
pour rassembler les matières fluides qu'on enlève au moyen d'une petite pompe, et qu'on
distribue ensuite sur les terres. On voit trop
fréquemment ces liquides mucilagineux, qui
découlent des fumiers, négligés et totalement
perdus.

Les *boues des rues*, *des chemins*, *les ba-
layures des maisons*, doivent être considérées
comme des engrais composés. Leur constitution varie nécessairement; elle est aussi diverse
que les substances qui les forment. Elles sont
communément employées comme il convient,
sans avoir subi de fermentation.

La *suie* formée par la combustion du charbon de terre ou des tourbes, renferme en
général toutes les substances dont se composent les matières animales. C'est un excellent engrais; elle donne à la distillation des
sels à base d'ammoniaque et un extrait de
couleur brune, d'un goût amer, quand elle est
traitée par l'eau chaude. Elle contient aussi une
huile empyreumatique. Elle a pour base le
charbon, dans un état de ténuité qui la rend
soluble dans l'oxygène et l'eau.

Cet engrais s'emploie sec, et n'exige aucune

préparation on le jette dans la terre en même temps que les semences.

La doctrine de l'application opportune des engrais qui proviennent de substances organisées, rend plus manifeste l'économie de la nature et l'ordre heureux avec lequel tout est disposé.

La mort et la décomposition des substances animales tendent à résoudre dans leurs élémens chimiques les formes organisées. Les miasmes putrides qui se dégagent, indiquent qu'elles doivent être enfouies dans le sol où elles se transforment en alimens des plantes. Décomposées à la surface de la terre, elles sont pernicieuses ; réduites dans son sein, elle sont éminemment utiles. Dans ce dernier cas la nourriture des végétaux se prépare aux lieux même où elle se consomme ; et ce qui, à l'air libre, eût offensé les sens, altéré la santé, se change, par une opération insensible, en plantes aussi belles que précieuses. Des gaz fétides donnent naissance aux parfums; et des principes vénéneux engendrent les substances dont l'homme et les animaux se nourrissent.

SEPTIÈME LEÇON.

Des engrais d'origine minérale ou engrais fossiles. —
De leur préparation et de la manière dont ils agissent.
— De la chaux dans ses différens états. — Action
de la chaux comme engrais et comme ciment. —
Diverses combinaisons de chaux. — Du gypse. — Idées
relatives à son usage. — Des autres composés neutro-
salins employés comme engrais. — Des alcalis et sels
alcalins. — Du sel commun.

Nous avons vu dans les leçons qui précèdent,
qu'un grand nombre de substances favorisent
la végétation des plantes et les nourrissent. Le
passage de la matière d'une structure vivante
à une forme organisée, se conçoit aisément ;
mais il n'en est pas de même des opérations
au moyen desquelles les combinaisons salines et terreuses s'incorporent dans les fibres
des végétaux et en facilitent les fonctions.
Quelques naturalistes, adoptant la doctrine des
anciens, qui supposaient que tous les corps
sont essentiellement identiques, et que ceux
que nous considérons comme simples ne sont
que des arrangemens divers des mêmes parti-

cules indestructibles, ont essayé de prouver que les principes dont se composent les plantes peuvent provenir de ceux qui sont répandus dans l'atmosphère. Ils ont prétendu que la vie végétale est une opération dans laquelle des substances, que nous ne sommes capables d'altérer ni de produire, sont continuellement formées et détruites. On ne s'en est pas tenu aux hypothèses ; des expériences ont été faites pour les appuyer. MM. Schrader et Braconot ont été conduits, par des recherches cependant assez distinctes, aux mêmes conclusions. Plusieurs espèces de graines semées dans le sable fin, le soufre, les oxides métalliques, et nourries seulement d'air atmosphérique et d'eau, se sont très-bien développées. Les plantes qu'elles ont produites, soumises à l'analyse, ont donné des composés salins et terreux en quantité supérieure à celles que renfermaient les semences, et quelquefois aussi étrangers à celles-ci qu'au sol qui les avait reçues. D'où ces chimistes tiraient la conséquence, qu'ils étaient dûs au concours de l'air ou de l'eau et de la force végétative des plantes.

Ces deux savans ont fait preuve de beaucoup de sagacité, et l'inexactitude de leurs résultats tient à des causes qui n'étaient pas encore connues au moment où ils ont publié leur travail.

L'eau distillée est bien éloignée d'être pure. Soumise à l'action de la pile voltaïque, elle m'a donné des alcalis et des terres. Plusieurs des combinaisons que forment les métaux avec le chlore, sont extrêmement volatiles. Quand les plantes reçoivent du liquide en abondance, elles absorbent une foule de principes, qui s'accumulent et deviennent enfin sensibles. L'humidité qu'elles dégagent est dépouillée de toute substance étrangère.

J'ai semé, en 1801, de l'avoine dans un sol composé de carbonate de chaux pure, et je l'ai arrosée avec une quantité connue d'eau distillée. Le vase de fer qui servait à mou expérience fut placé dans une vaste jarre mise en communication avec l'atmosphère au moyen d'un tube recourbé; aucune poussière, aucun fluide ni solide ne pouvait s'introduire par cette voie. J'avais dessein de m'assurer s'il se forme de la terre siliceuse dans l'acte de la végétation; mais les plantes n'eurent qu'une croissance extrêmement faible, et jaunirent avant la floraison. Je les brûlai, et comparai leurs cendres avec celles d'un nombre égal de grains d'avoine. Les premières renfermaient beaucoup plus de carbonate de chaux que les secondes, mais moins de silice. Cette différence me paraît due à ce que l'enveloppe du grain qui en contient davantage, avait été détruite par la germination. Des tiges vertes de la même céréale, cueillies dans un champ, dont le fonds était formé d'un sable fin, produisirent une proportion de la base dont il s'agit, bien plus considérable qu'un poids égal de blé, cultivé artificiellement.

Ces résultats sont bien opposés à l'opinion émise par MM. Schrader et Braconot; et plusieurs autres faits ne lui sont pas moins contraires. Jacquin rapporte que la *salsola soda* donne, quand on l'incinère, de l'alcali végétal, si elle est élevée dans l'intérieur des terres; et de l'alcali minéral ou fossile, si elle croît sur les rivages de la mer, où ce sel abonde. Du Hamel a observé que les plantes marines languissent lorsqu'on les transporte dans les sols qui contiennent peu de muriate de soude. Le tournesol, cultivé dans un fonds qui ne renferme pas de nitre, n'en présente pas lui-même; mais si on l'arrose avec une dissolution de ce composé, il en produit abondamment. Les tables de Saussure, que nous avons rapportées dans la troisième leçon, prouvent que la constitution des cendres est analogue à celle des terrains dans lesquels les végétaux se sont développés.

Ce chimiste a élevé des plantes dans des dissolutions de divers sels ; et il a reconnu que, dans tous les cas, une portion de ceux-ci est absorbée, et passe sans altération dans les organes des végétaux.

Les animaux eux-mêmes ne possèdent pas la faculté de produire des substances alcalines et terreuses. Suivant le docteur Fordice, la coquille des œufs de serins est constamment flexible, quand ces oiseaux sont privés de carbonate de chaux à l'époque de la ponte. Si cependant la nature jouissait de la puissance qu'on lui attribue, elle la manifesterait, sans doute, dans une circonstance qui intéresse la propagation de l'espèce.

Dans l'état actuel de nos connaissances, nous pouvons conclure que les différentes terres ou substances salines, qui se trouvent dans les organes des plantes, proviennent du sol, et ne sont produites, dans aucun cas, par les combinaisons nouvelles des élémens de l'air ou de l'eau. Il est impossible de décider où nous conduiront les dernières conséquences des lois de la chimie, et à quel point nos idées sur les corps élémentaires seront simplifiées. Nous ne pouvons raisonner que d'après les faits. Si la puissance de composition, dont les structures végétales sont pourvues, nous est inaccessible, nous sommes au moins en état de la comprendre. Or, toutes les recherches qui ont été faites nous montrent que les formes composées dérivent des plus simples, et que les principes répandus dans le sol, l'atmosphère et la terre, sont absorbés et deviennent parties constituantes des végétaux les plus magnifiques et les plus diversifiés.

Les principes que nous avons développés plus haut, nous conduisent à des idées exactes sur la manière dont se comportent les engrais, qui ne sont ni le produit de la décomposition des substances organisées, ni formées de carbone, d'hydrogène, d'oxygène et d'azote. Ils ne peuvent agir qu'en s'assimilant aux plantes, ou en élaborant les principes nutritifs, et en les rendant plus propres à entretenir la vie végétale.

Les seules substances qu'on puisse véritablement appeler engrais fossiles, et qui se trouvent sans mélange de corps organisés, sont certaines terres alcalines et leurs combinaisons.

Jusqu'ici on n'a fait usage, pour amender les

sols, que de la chaux et de la magnésie ; la potasse et la soude n'ont été employées qu'à l'état de combinaisons. J'exposerai dans l'ordre où ils sont venus à ma connaissance, quelques faits relatifs à cette application ; mais je discuterai avec beaucoup d'étendue les propriétés de la première de ces bases. Si les détails dans lesquels je vais entrer paraissent minutieux , j'aurai une excuse dans l'importance du sujet , que les dernières découvertes ont si fort éclairci.

La chaux se présente communément à la surface de la terre, combinée avec l'acide carbonique ou air fixe. Projetée dans un acide liquide, elle fait effervescence ; phénomène dû au principe aériforme qui se dégage pendant que la substance terreuse se dissout.

Quand la pierre à chaux est soumise à une forte chaleur, elle abandonne son acide carbonique , et se réduit en terre alcaline pure. Elle éprouve alors une perte qui s'élève à la moitié de son poids, si le feu a été poussé avec la dernière violence ; mais communément elle est beaucoup plus faible ; elle varie de 35 à 40 pour 100 quand le carbonate a été desséché avant l'opération.

J'ai dit, en parlant de l'action de l'air sur les

végétaux, qu'il contient toujours de l'acide carbonique, et que ce gaz précipite la chaux de ses dissolutions dans l'eau. Cette terre, exposée pure au contact de l'atmosphère, ne tarde pas à s'éteindre, elle se combine avec le même acide et présente tous les caractères de précipités. Quand elle est prise immédiatement après la calcination, elle est caustique, brûle la langue, verdit les couleurs bleues végétales, et se dissout dans l'eau; mais toutes ces propriétés disparaissent dès qu'elle s'empare du gaz acide; elle acquiert de nouveau celle de faire effervescence; c'est en un mot, de la craie ou de la pierre à chaux.

Très-peu de pierres à chaux ou craies sont entièrement formées de chaux et d'acide carbonique. Le marbre des statuaires et les verres de Moscovie sont presque les seules espèces qui soient pures. Les propriétés de ces substances, soit comme engrais, soit comme ciments, dépendent de la nature des ingrédiens qu'elles renferment; car le véritable élément calcaire, le carbonate de chaux, est identique, et produit constamment les mêmes effets. Il se compose d'une proportion d'acide 41, 4 et d'une de chaux 55.

Quand la pierre à chaux ne fait pas vivement effervescence avec les acides, et qu'elle est assez dure pour rayer le verre, elle contient de la silice, et quelquefois aussi de l'alumine. Lorsqu'elle est d'un brun ou rouge intenses, ou qu'elle affecte à un haut degré une des teintes de brun ou de jaune, elle renferme de l'oxide de fer. Si elle n'est pas assez dure pour rayer le verre, mais qu'elle fasse lentement effervescence et blanchisse l'acide dans lequel elle se dissout, elle est alliée à de la magnésie. Si elle est noire, et qu'elle exhale une odeur fétide par le frottement, elle est bitumineuse ou charbonneuse.

L'analyse des pierres à chaux n'est pas difficile, et les proportions de leurs parties constituantes peuvent être aisément déterminées, au moyen des méthodes que nous avons décrites dans la leçon sur l'analyse des sols. La cinquième est suffisamment exacte pour toutes les recherches qui intéressent les fermiers.

Avant de se former aucune opinion sur la manière dont les propriétés des pierres à chaux sont modifiées par les divers ingrédiens qu'elles renferment, il faut considérer l'action de l'élément calcaire pur, soit comme engrais, soit comme ciment.

Dans son état de pureté, la chaux vive, soit

en poudre, soit dissoute, est nuisible aux plantes. J'ai souvent fait périr des graminées en les arrosant avec de l'eau qui en contenait en solution ; mais unie à l'acide carbonique, elle devient une substance utile dans les sols, ainsi qu'il résulte des analyses rapportées dans la quatrième leçon. Elle se trouve saturée dans les cendres de la plupart des végétaux ; exposée à l'air, elle cesse bientôt d'être caustique, et se transforme en calcaire.

Fraîchement cuite, et mise en contact avec l'atmosphère, elle ne tarde pas à se réduire en poudre ; on dit alors qu'elle est éteinte. Elle produit le même effet quand on l'humecte ; elle dégage une vive chaleur, vaporise, solidifie l'eau, et se délite.

La chaux éteinte est une simple combinaison de chaux et d'environ le tiers de son poids de liquide ; 55 parties, par exemple, de l'une en absorbent 17 de l'autre. Elle est formée de proportions définies des deux substances, et constitue ce que les chimistes appellent *hydrate de chaux*. Quand une longue exposition à l'air la transforme en carbonate, l'eau se dissipe, et l'acide carbonique en prend la place.

Lorsqu'on mêle de la chaux, soit vive, soit éteinte, avec une matière végétale, fibreuse,

humide, elles réagissent fortement l'une sur
l'autre, et donnent naissance à une espèce de
composé en partie soluble.

La première rend nutritive la deuxième,
qui était, pour ainsi dire, inerte; et comme
celle-ci renferme beaucoup de carbone et
d'oxygène, à son tour elle convertit celle-là en
carbonate.

La chaux éteinte, la pierre à chaux réduite en
poudre, les craies, n'exercent aucune action de
cette espèce. Elles préviennent la décomposition trop rapide des substances déjà dissoutes,
mais elles n'ont aucune tendance à les rendre
solubles.

Il résulte de ces diverses circonstances que
la chaux vive et la craie, ou la marne, agissent
d'une manière bien opposée. La première tend
à décomposer et à dissoudre plus vite la matière végétale dure contenue dans les terres, et
à la rendre plutôt susceptible d'être absorbée
par les plantes. La deuxième améliore la texture du sol, ou augmente sa faculté d'absorption; elle se comporte comme un des ingrédiens terreux. Quand la chaux vive est éteinte,
elle remplit à peu près les mêmes fonctions;
mais en s'éteignant, elle communique la solubilité à une partie de la matière insoluble.

C'est à cette circonstance qu'est due son efficacité pour fertiliser les tourbes, et mettre en culture les sols qui abondent en racines dures ou en fibres sèches.

On fait usage de la chaux vive ou éteinte, de la pierre à chaux, de la marne, suivant les proportions de matière végétale inerte ou de calcaires contenues dans les terres. Tous les sols sont amendés par la seconde de ces substances; la première fertilise ceux qui ne font pas effervescence avec les acides; les fonds sablonneux profitent mieux que ceux dont l'argile fait la base.

Lorsque la quantité de calcaires est faible, et celle des engrais végétaux *solubles* considérable, il faut s'abstenir d'employer la chaux vive, parce qu'elle tend à décomposer ceux-ci, qu'elle s'empare de l'oxygène et du carbone qu'ils renferment, et se sature; ou bien elle se combine avec eux, et donne naissance à des composés qui jouissent d'une moindre affinité pour l'eau que la substance végétale qu'elle a détruite.

Il en est de même pour la plupart des engrais animaux; mais l'action de la chaux varie suivant les circonstances, et dépend de la nature de ces matières. Elle forme une espèce de savon insoluble avec celles qui sont huileuses, et les décompose peu à peu en isolant le carbone et l'oxygène. Elle s'unit aussi aux acides du même règne ; elle en favorise probablement la décomposition, en s'appropriant les principes charbonneux combinés avec l'oxygène, et les rend moins nutritifs.

Elle tend aussi à produire le même effet sur l'albumine, et détruit toujours jusqu'à un certain point l'efficacité des substances animales qui servent à amender les terres. Ou elle s'empare d'une partie de leurs élémens, ou elle les fait passer à de nouvelles combinaisons. La chaux ne doit jamais être employée avec elles, à moins qu'elles ne soient trop riches, ou qu'on veuille prévenir les exhalaisons pestilentielles. Elle est nuisible quand elle est mélangée avec les déjections communes, et tend à rendre la matière extractive insoluble.

J'ai fait une expérience à ce sujet : j'ai mêlé une certaine quantité d'extrait brun soluble, provenant du crottin de mouton, avec cinq fois son poids de chaux vive. Ce mélange humecté, qui a développé beaucoup de chaleur, a été abandonné à lui-même pendant 14 heures. Soumis alors à l'action de l'eau pure, passé au filtre et évaporé, il a donné un précipité solide, presque incolore, composé de chaux et de matière saline.

La chaux est constamment utile dans les cas où il est nécessaire de faire fermenter les substances végétales pour les rendre nutritives. J'ai mis du tan, épuisé, humide, et un cinquième de son poids de chaux vive dans un vase clos; j'ai laissé réagir le mélange pendant trois mois. La terre s'était colorée et était devenue effervescente. De l'eau bouillie sur ces deux substances prit une couleur rousse, et donna par l'évaporation une poudre qui devait être composée de chaux unie à une matière végétale; car, soumise à une haute température, elle éprouva la combustion, et laissa de la chaux éteinte pour résidu.

Les pierres à chaux, qui contiennent de l'alumine et de la silice, sont moins bonnes pour amender les terres que celles qui sont pures. Elles sont moins efficaces, parce qu'elles renferment une plus petite quantité de chaux; mais celle qui en provient n'a pas de qualités nuisibles.

J'ai parlé de pierres à chaux bitumineuses; elles produisent d'excellente chaux et contiennent rarement beaucoup de matière charbonneuse; on peut même dire qu'elles n'en renferment jamais cinq pour cent. Loin d'être nuisible, dans certaines circonstances celle-ci contribue à la nutrition des végétaux, comme nous l'avons établi dans la dernière leçon.

L'application de la chaux magnésienne est une des plus importantes questions d'agriculture.

Depuis long-temps les fermiers des environs de Doncaster avaient reconnu que la chaux extraite d'une certaine variété de calcaire était funeste aux récoltes. M. Tennaut l'ayant soumise à l'analyse, trouva qu'elle contenait de la magnésie. Il fit un mélange de cette base calcinée et de terre ordinaire, dans lequel il sema différentes graines. Toutes moururent ou ne végétèrent que d'une manière imparfaite, et restèrent languissantes. Il conclut de cette expérience que les mauvais effets de la pierre à chaux dont il s'agit sont dus à la magnésie qu'elle renferme.

En faisant des recherches sur le même objet, je me suis assuré qu'il y a des circonstances où elle peut être utile.

Parmi les divers échantillons de calcaire que j'ai reçus de lord Sommerville, deux de ceux dont l'emploi était désigné comme avantageux contenaient de la magnésie. La chaux qu'on extrait de la pierre de breedon est consommée dans le Leicestershire sous le nom de chaux ardente, et j'ai appris des fermiers du voisinage de la carrière, qu'ils l'appliquent avec succès prise en quantités peu considérables, comme de 25 à 30 boisseaux par acre. Les terres riches peuvent en recevoir davantage.

Quelques considérations chimiques suffiront pour résoudre la question.

La magnésie a beaucoup moins d'affinité que la chaux pour l'acide carbonique; quoique exposée à l'air, elle reste caustique pendant plusieurs mois, et ne peut cesser de l'être tant que la seconde base n'est pas complètement saturée, car elle est réduite par celle-ci.

Quand on cuit les calcaires dont il est question, la magnésie abandonne son acide carbonique beaucoup plus vite que la chaux. Si le sol amendé n'est pas chargé de matières végétales et animales dont la décomposition en fournisse en abondance, elle ne se combine pas; et tant qu'elle est calcinée, elle est mortelle à certaines espèces. Les fonds riches en admettent davantage, parce que l'engrais qu'ils contiennent se décompose, donne naissance à du gaz acide, et la neutralise.

Lorsqu'elle n'est plus caustique, c'est-à-dire, lorsqu'elle est saturée d'acide carbonique, elle paraît être une utile partie constituante des sols. J'ai répandu sur de l'herbe, du blé et de l'orge cette substance préparée, en la faisant bouillir avec du carbonate acide de potasse. La végétation des plantes n'en souffrit pas, quoiqu'elles fussent tout-à-fait blanchies. L'une des contrées les plus fertiles du Cornwal, le Lizard, abonde en magnésie carbonatée, et produit une herbe courte, verte, dont on nourrit des moutons qui donnent une chair excellente. La partie cultivée passe pour une des meilleures terres à blé du comté.

Dans le dessein de connaître d'une manière précise le véritable genre d'action que la chaux magnésienne exerce, j'ai fait, en décembre 1806, l'expérience suivante : J'ai pris quatre parties de terre ; j'en ai mêlé une avec $\frac{1}{40}$ de son poids de magnésie caustique, une autre avec la même quantité de cette substance et un quart de tourbe grasse en décomposition. J'ai conservé la troisième dans son état naturel, et mélangé la quatrième avec de la tourbe seule. Au mois d'avril 1807, je semai de l'orge dans toutes ces préparations ; elle se développa très-bien dans le sol pur, mieux dans celui qui contenait la magnésie et la tourbe, et presque aussi bien dans celui qui renfermait de la tourbe seule ; mais elle fut constamment faible, jaune et languissante, dans le terrain qui ne se composait que de magnésie.

J'ai répété cette expérience avec les mêmes résultats, dans l'été de 1810. La magnésie alliée au sol qui contenait de la tourbe, faisait une vive effervescence, tandis que la portion mélangée avec celui qui n'en refermait pas, ne donnait que de faibles quantités d'acide carbonique. Dans le premier cas, cette base avait favorisé la formation des engrais; dans l'autre, elle s'était comportée comme une substance vénéneuse.

Il résulte de-là que la chaux magnésienne peut être appliquée en grand dans les fonds tourbeux, et que les terres appauvries par un excès de ce principe doivent être amendées avec la tourbe.

J'ai dit que projetée dans un acide, la pierre à chaux magnésienne se dissout sans tumulte. Cet effet est dû à la magnésie; et un moyen facile de s'assurer s'il y en a dans la pierre, c'est de voir si un fragment de ce corps rend laiteux l'acide nitrique étendu.

D'après l'analyse de M. Tennant, les pierres à chaux magnésifères contiennent

Magnésie. . . . . 20, 3 à 22, 5

Chaux. . . . . 29, 5 à 31, 7
Acide carbonique . . 47, 2
Argile et oxide de fer.   0, 8

Communément colorées en brun ou en jaune-
pâle, elles se trouvent dans le Somersetshire,
Leicestershire, Derbyshire, Shrosphire, Dur-
ham et Yorkshire. Je n'en ai rencontré dans
aucun autre endroit de l'Angleterre ; mais elles
abondent dans plusieurs parties de l'Irlande, et
surtout près de Belfast.

L'emploi de la chaux comme ciment ne peut
être discuté avec beaucoup d'étendue dans un
cours de chimie agricole ; néanmoins, comme
la théorie de l'action qu'elle exerce n'a été, que
je sache, bien exposée dans aucun ouvrage élé-
mentaire, je dirai quelques mots sur l'application de cette partie des connaissances chimiques.

Elle agit ici de deux manières : en se combinant avec l'eau, et en se combinant avec l'acide
carbonique.

Nous avons déjà parlé de l'hydrate de chaux.
Quand la base caustique est humectée et pétrie,
elle perd son inconsistance et forme avec l'eau
une masse cohérente et solide composée de
55 de l'une et de 17 de l'autre. Si on ajoute,
pendant qu'elle se solidifie, de l'oxide rouge de

fer, de l'alumine ou de la silice, elle acquiert plus de dureté et de cohésion : effet qui paraît dû, jusqu'à un certain point, à l'affinité chimique qui s'exerce de part et d'autre; car le composé devient moins soluble et moins susceptible d'être réduit par l'action de l'acide carbonique répandu dans l'air.

L'hydrate de chaux doit servir de base aux ciments employés pour toutes les constructions sous l'eau. La chaux qui provient des calcaires impures est la meilleure pour cet objet; alliée avec la pouzollane, presque entièrement composée d'alumine et d'oxide de fer, elle lie très-bien ces sortes d'ouvrages. Dans la construction du fanal d'Edyston, M. Smeatton a fait usage de parties égales en poids de cette substance et de chaux éteinte. La pouzollane est une lave décomposée. Le tarras, dont on tirait autrefois des quantités considérables de Hollande, n'est qu'un basalte dans le même cas. Une partie de cette substance et deux de chaux éteinte forment, pour ainsi dire, tout le mortier qu'on emploie dans les digues des Provinces-Unies. Les îles Britanniques fournissent abondamment de quoi les remplacer l'une et l'autre. On trouve du tarras rouge sur la Chaussée-du-Géant dans l'Irlande septentrionale, et l'Écosse, ainsi que différens endroits de l'Angleterre, abondent en basaltes qui se décomposent.

Le ciment de Parker, et autres de même espèce qui se fabriquent dans les manufactures d'alun de lord Dundas et de lord Mulgrave, sont des mélanges de pierres ferrugineuses calcinées et d'hydrate de chaux.

Les ciments qui agissent en s'emparant de l'acide carbonique, ou les ciments communs, sont composés d'un mélange de chaux éteinte et de sable. Ils se solidifient d'abord comme les hydrates, et se transforment peu à peu en carbonates par le contact de l'air. M. Tennant a trouvé qu'un mortier de cette espèce avait, en trois ans et quart, repris les soixante-trois centièmes de la quantité d'acide qui constitue la proportion définie du carbonate de chaux. C'est principalement à cette circonstance et au sable qu'ils contiennent, que les platras, qu'on retire des ruines, doivent leur puissance de fertilisation. La cohésion des élémens qu'ils renferment les rend surtout propres à améliorer les sols argileux.

La dureté du ciment des anciens édifices vient de ce qu'il est entièrement converti en carbonate. Les pierres à chaux les plus pures sont les plus propres à la fabrication des mor-

tiers de cette espèce ; celles qui contiennent
de la magnésie en donnent d'excellent pour
bâtir sous l'eau ; mais il agit avec trop peu d'é-
nergie sur l'acide carbonique de l'air, pour
acquérir une qualité supérieure dans les circonstances ordinaires.

Pline nous apprend que les Romains prépa-
raient un an d'avance les meilleurs mortiers
dont ils fissent usage, en sorte qu'ils étaient
déjà en partie saturés au moment où ils étaient
mis en œuvre.

Il y a quelques précautions à prendre dans
la cuite de la chaux, qui dépendent des espèces de pierres soumises à l'expérience. En général, cinq litres de charbon de terre suffisent
pour en préparer vingt à vingt-cinq de chaux.
Celle qui est magnésienne, exige moins de feu.
Toutes les fois que la pierre calcaire renferme
beaucoup de silice ou d'alumine, il faut veiller
à ce qu'il ne soit pas trop intense, car elle se vi-
trifie aisément, à cause de l'affinité que ces différentes bases ont les unes pour les autres. Et
comme il y a des endroits qui ne possèdent pas
d'autre espèce de pierres, il faut donner à cette
circonstance une attention spéciale. On obtient
de la chaux passable à une basse température
rouge : elle se fritte, si celle-ci est portée au

blanc. Les fours où on la prépare doivent toujours être construits de telle sorte qu'on puisse la modérer.

Quand les pierres à chaux ne sont pas magnésifères, la perte qu'elles éprouvent indique en général leur degré de pureté. Celles qui diminuent davantage sont celles qui contiennent plus de matière calcaire. Les magnésiennes renferment plus d'acide carbonique que les pierres à chaux communes. Elles se réduisent toutes de plus de moitié en poids par la calcination.

L'agriculture ne consomme pas seulement la chaux pure et carbonatée; diverses combinaisons de cette base servent encore à amender les terres. Tel est surtout le *gypse* ou sulfate de chaux. Ce sel est composé d'acide sulfurique (le même qui, combiné avec l'eau, fournit l'huile de vitriol) et de chaux : sec il renferme 75 de l'un et 55 de l'autre. Le gypse commun ou sélénite qu'on tire de Shotover près d'Oxford contient, indépendamment de ces deux principes, une grande quantité d'eau. Sa composition peut être exprimée par

Acide sulfurique, une proportion . . . 75

Chaux . . . . id. . . . . . id. . . . 55

Eau, deux proportions 34

Il est facile de s'assurer de la nature du gypse. La chaux vive et l'huile de vitriol, mis en contact, produisent une violente chaleur. Le magma chauffé dégage l'eau, et laisse, si l'acide a été employé en quantité suffisante, du sulfate pour résidu. Dans le cas contraire, on obtient un mélange de ce sulfate et de chaux. Le gypse se rencontre quelquefois sans eau dans la nature; il prend alors le nom de sélénite anhydre, et se distingue du gypse commun, en ce qu'il ne donne aucun liquide quand on le soumet à l'action du feu.

Lorsque le gypse sans eau ou dépouillé d'eau par la chaleur, est pétri avec ce liquide, il l'absorbe rapidement. Le plâtre de Paris n'est que du gypse sec pulvérisé; et ses propriétés, soit qu'on l'emploie comme ciment, ou qu'on le fasse servir à tout autre usage, dépendent de la faculté qu'il possède d'en solidifier une certaine quantité et de se convertir en masse cohérente. Le gypse est soluble dans environ 500 fois son poids d'eau froide. Il en exige moins lorsqu'elle est chaude; celle-ci, portée à l'ébullition, dépose ensuite des cristaux en se refroidissant. On reconnaît la présence de ce corps, au moyen des oxalates et des sels barytiques qui le précipitent de ses dissolutions.

Les agronomes sont partagés d'opinion sur l'emploi du gypse. Les Américains en ont obtenu les plus heureux effets; le comté de Kent en fait un usage non moins avantageux, et les divers rapports faits par M. Smith au comité d'agriculture, attestent combien cet engrais est efficace; néanmoins, dans tout le reste de l'Angleterre, on n'a pu en retirer aucun service, quoiqu'on l'ait éprouvé de diverses manières et sur différentes récoltes.

On a émis les opinions les plus contradictoires sur la manière dont il agit. Quelques personnes ont supposé qu'il n'exerce d'influence que par la force avec laquelle il absorbe l'humidité; mais cette cause est trop insignifiante, si on la compare à son effet. Il est d'ailleurs trop peu hygrométrique, et retient avec trop d'énergie le liquide dont il s'est une fois emparé, pour le céder aux racines des plantes : de plus, il est appliqué en quantité si faible, que cette idée est tout-à-fait inadmissible.

On a dit que le gypse favorise la putréfaction des substances animales et la décomposition des engrais. J'ai fait quelques expériences qui ne s'accordent pas avec cette supposition. J'ai pris deux parties égales de veau haché; j'en ai mêlé une avec $\frac{1}{100}$ de son poids, du sel dont il est question ; et j'ai placé l'autre dans les mêmes circonstances , mais sans addition de corps étrangers. Elles se sont putrifiées dans le même temps ; celle qui était restée pure est même arrivée plutôt à ce terme. J'ai préparé d'autres mélanges , employant tantôt plus , tantôt moins de gypse : j'ai substitué dans l'un la fiente de pigeons à la matière animale , et j'ai constamment obtenu les mêmes résultats , en sorte qu'on peut dire avec certitude qu'il ne hâte jamais la putréfaction.

Il y a long-temps , quoique ce fait soit peu connu , qu'on éprouve en Angleterre l'action du gypse , comme engrais. Les cendres de tourbe du Berkshire et du Wiltshire en contiennent beaucoup : celles de Newbury en recèlent depuis un quart à un tiers , et quelques-unes de celles qui proviennent du voisinage de Stockbridge , en renferment de plus grandes quantités encore ; les autres principes dont elles se composent , sont des terres calcaires , alumineuses , siliceuses , du sulfate de potasse , dont les proportions varient , un peu de sel commun , et quelquefois de l'oxide de fer : cette dernière substance abonde dans les cendres rouges.

Les cendres de tourbe sont employées pour

exciter la végétation des fourrages, du sainfoin et surtout du trèfle. Incinérés et soumis à l'analyse, ces gramens et le raygrass m'ont présenté beaucoup de gypse, qui probablement faisait partie de leur fibre ligneuse. Si cette supposition est admise, il est facile d'expliquer comment il opère en quantités si peu considérables, que la récolte d'un acre de trèfle ou de sainfoin, si elle était brûlée, n'en donnerait pas plus de trois ou quatre bushels. J'ai examiné de la terre prise aux alentours de Newbury, audessous d'un sentier où il n'avait pas dû s'introduire, et je n'ai pu en découvrir une trace. Cependant, on répandait les cendres au moment même où mon opération avait lieu. L'inefficacité du sel dont il s'agit, me paraît tenir à ce que la plupart des sols cultivés en contiennent suffisamment pour les besoins de la végétation. Les engrais des bestiaux herbivores en renferment, et en approvisionnent les terres dans lesquelles ils se décomposent : les blés, les pois, les fèves, n'en consomment pas, et les turneps n'en prennent que fort peu ; mais les terrains destinés aux pâturages et aux foins, en détruisent sans cesse. J'ai recherché le sulfate de chaux dans quatre sols consacrés aux récoltes ordinaires : l'un était un fonds sablonneux, léger, de Norfolk ; un autre, un fond argilleux à blé de Middlessex ; un troisième provenait des champs sablonneux de Sussex ; et le quatrième, des alentours argileux d'Essex : tous en contenaient, et le deuxième en renfermait près de un pour cent. Lord Dundas m'apprend, qu'ayant vu le gypse ne produire aucun effet dans deux de ses fermes du Yorkshire, il avait traité les sols de celles-ci par les méthodes exposées dans la quatrième leçon, et avait reconnu qu'il existait dans toutes les pièces où il avait été appliqué.

Quoique ces considérations ayent peut-être besoin d'être confirmées par de nouvelles recherches ; on en peut au moins tirer une conséquence pratique importante. Il est possible que les terres qui cessent de donner de belles récoltes de trèfle ou d'autres fourrages, se raniment, lorsqu'on les amende avec le gypse. Cette substance se trouve, ainsi que je l'ai déjà dit, dans l'Oxfordshire ; mais elle n'est pas moins abondante dans les autres parties de l'Angleterre, dans le Glocestershire, Somersetshire, Derbyshire, Yorkshire, etc. Elle n'exige pas d'autre préparation que d'être réduite en poudre.

Le docteur Pearson a présenté au comité

d'agriculture des détails très-intéressans sur l'usage du sulfate de fer ou vitriol vert, sel qu'on retire de la tourbe dans le Bedfordshire; et j'ai été témoin de la puissance de fertilisation d'une eau ferrugineuse employée pour l'irrigation des prairies par le duc de Manchester, à Priestley Boy, près de Woburn. Je ne doute pas que le sel de tourbe ou l'eau vitriolique n'agisse, surtout en produisant du gypse.

Les sols sur lesquels l'un et l'autre produisent des effets, sont calcaires, et décomposent, au moyen du carbonate de chaux qu'ils contiennent, le sulfate de fer, sel acide très-soluble, formé d'acide sulfurique et d'oxide de fer.

Dissous et mis en contact avec le carbonate dont nous venons de parler, il se réduit; l'acide abandonne sa base, se porte sur la chaux, et les composés qui résultent de cette combinaison sont insipides et beaucoup moins solubles.

J'ai recueilli une certaine quantité de la matière que dépose l'eau ferrugineuse de Priestley, et j'ai reconnu, par l'analyse, qu'elle contient du gypse, du carbonate de fer et du sulfate insoluble du même métal. Les principales herbes de la prairie dont je parle, étaient le pied de poule, la festuque des prés, le fiorin et la flouve odorante. J'en ai incinéré trois dont les cendres m'ont présenté une proportion considérable de gypse.

Les substances vitrioliques exercent, dans les terres qui ne contiennent pas de calcaire, telles que celles du Lincolnshire dont nous avons parlé dans la quatrième leçon, une influence bien funeste, et due sans doute à l'excès des matières ferrugineuses qu'elles introduisent dans la sève. L'oxide de fer, lorsqu'il n'est pas trop abondant, forme un utile ingrédient des sols; il se trouve, d'après les détails que nous avons donnés précédemment, dans le produit de l'incinération des plantes, et ne semble préjudiciable que dans ses combinaisons acides.

J'ai parlé de certaines variétés de tourbes dont les cendres contiennent du gypse; mais il n'en faut pas conclure que toutes soient dans le même cas. J'en ai examiné beaucoup, tirées de l'Irlande, de l'Écosse, du pays de Galles, et de diverses contrées de l'Angleterre; elles n'en renfermaient pas une quantité sensible, mais elles se composaient de silice, d'alumine et d'oxide de fer.

Lord Charville a trouvé, dans quelques-unes des premières, du sulfate de potasse, c'est-à-dire une combinaison d'acide sulfurique et de potasse.

La matière vitriolique se forme communément dans les tourbes ; et si le sol ou la couche sur laquelle il repose est calcaire, il donne aussi naissance au gypse. En général, quand une cendre tourbeuse fraîche exhale une odeur forte, analogue à celle des œufs pourris, traités par le vinaigre, elle contient du sulfate de chaux.

Le *phosphate* de la même base est formé d'une proportion de chaux et d'autant d'acide phosphorique. Il est insoluble dans l'eau pure, soluble dans ce liquide aiguisé par une substance acide. Il constitue la plus grande partie des os calcinés, existe dans la plupart des déjections animales, dans la paille et le grain du blé, de l'orge, de l'avoine, du seigle, des fèves, des pois et des vesces. On le trouve aussi dans quelques endroits de l'Angleterre, mais en très-petite quantité. Il est généralement transporté dans la terre par le moyen des engrais, et peut former un des ingrédiens essentiels aux récoltes de blé et autres céréales.

Les cendres d'os doivent être utiles dans les

terres arables qui contiennent beaucoup de matières végétales. Il est possible qu'elles mettent les tourbes douces en état de produire du blé ; mais l'os broyé sans calcination est toujours préférable.

Les *composés salins de magnésie*, employés pour amender les sols, n'exigent pas de longs détails. Les principales observations qu'ils suggèrent ont été exposées en traitant de la chaux magnésienne. Combinée avec l'acide sulfurique, la base dont il s'agit donne naissance à un sel soluble. On dit qu'elle est employée comme engrais ; mais elle n'est pas assez abondante dans la nature, ni d'une fabrication assez peu dispendieuse pour qu'on en fasse usage dans les opérations ordinaires de l'agriculture.

Les *cendres de bois* sont principalement formées d'acide carbonique et d'alcali végétal. Comme celui-ci existe dans la plupart des plantes, on conçoit aisément qu'il puisse former une partie essentielle de leurs organes.

Toutes les substances de cette espèce tendent à rendre solubles les matières végétales. Il est possible qu'elles mettent les charbonneuses à même d'être absorbées par les tubes dont se composent les fibres radicales. L'alcali végétal jouit aussi d'une forte affinité pour l'eau, et entretient une certaine humidité dans le sol et les substances étrangères qui en font partie. Cependant, comme il n'existe, et n'est employé dans les terres qu'en quantités très-faibles, son influence ne peut être que secondaire.

L'alcali minéral ou la soude se trouve dans les plantes marines, et peut s'extraire, au moyen de procédés chimiques, du *sel commun*, qui résulte de la combinaison d'un métal appelé sodium avec le chlore. La soude pure est formée par ce métal uni à l'oxygène. Quand il est en contact avec l'eau, on peut extraire l'oxide du sel, de plusieurs manières.

Les mêmes raisonnemens s'appliquent à l'action de l'alcali minéral pur ou de l'alcali carbonaté. Le muriate, employé comme engrais, n'agit probablement qu'en s'introduisant dans la composition des plantes, de la même manière que le gypse, le phosphate de chaux et les alcalis. Sir John Pringle a prouvé que, pris en petites quantités, il favorise la décomposition des substances végétales et animales. Cette circonstance doit en rendre l'usage avantageux pour certains sols. Il est encore utile, en ce qu'il incommode les insectes. Son efficacité me paraît suffisamment établie lorsqu'il est appliqué à légères doses; et il est probable qu'elle dépend de la réunion de plusieurs causes.

Quelques personnes s'élèvent contre l'usage du sel, parce qu'employé en quantités considérables, il rend les terres stériles; mais cette manière de raisonner est tout-à-fait vicieuse. La mauvaise influence qu'il exerce dans cette circonstance était connue bien long-temps avant qu'il n'existât aucun ouvrage d'agriculture : car nous lisons dans la bible, « qu'Abimeleck, s'étant rendu maître de Si- » chem, détruisit cette ville de fond en com- » ble, et sema du sel sur l'emplacement qu'elle » occupait, » afin qu'il ne produisit jamais de récolte. Virgile condamne les sols où cette substance domine; et quoique Pline recommande d'en donner aux bestiaux, il assure néanmoins que répandue sur les champs elle nuit à leur fertilité. Mais ces allégations ne doivent pas la faire exclure.

Les rebuts de muriate de soude qu'on emploie dans le Cornwall, et qui renferment sans doute des huilés et des débris de poissons, ont long-temps passé pour un engrais admirable, et les fermiers de Cheshire leur attribuent encore l'abondance de leurs récoltes.

Il est probable que les effets du sel sont modifiés par les causes qui influencent l'action du gypse. Presque tous les champs de l'Angleterre, ceux surtout qui sont dans le voisinage de la mer, en contiennent suffisamment pour les besoins de la végétation. En conséquence, l'emploi en est non-seulement inutile, mais dangereux. Dans les violentes tempêtes, les flots jaillissent quelquefois à plus de 50 milles dans les terres, et leur fournissent du muriate de soude. Tous les grès que j'ai analysés en contiennent; et les sols qui proviennent de leur décomposition doivent en être pourvus. Il est vraisemblable aussi qu'il entre comme partie constituante dans les engrais végétaux et animaux.

Indépendamment des composés de terres alcalines, il y en a plusieurs autres qui passent pour être favorables au développement des plantes : tel est le nitre ou la combinaison formée par l'acide nitrique et la potasse. Sir Kenelm Digby assure avoir augmenté la force de végétation de l'orge en l'arrosant avec une faible solution du sel dont il s'agit : mais les résultats de ce savant trop systématique méritent peu de confiance. Le nitre se compose d'une proportion d'azote, de six d'oxygène et d'une de potassium. Il est possible qu'il cède son azote pour former de l'albumine ou du gluten dans les végétaux qui en contiennent ; mais il est trop précieux , ainsi que tous les sels du même genre, pour être consacré aux usages de l'agriculture.

Le docteur Home prétend que le *sulfate de potasse*, qui se trouve dans les cendres de quelques tourbes, s'emploie avec succès. M. Naismith conteste ce fait ; il cite des expériences qui le combattent, et sont peu favorables, suivant lui, à l'opinion que l'on a communément sur l'efficacité des engrais salins (1).

Cette divergence vient sans doute de ce que les composés dont il s'agit , ont été appliqués en proportions diverses, et généralement beaucoup trop fortes.

J'ai fait , dans les mois de mai et de juin 1807, plusieurs expériences pour connaître quels effets ils produisaient sur l'orge et l'herbe qui croissaient dans un jardin , dont le sol était un sable léger, composé, sur 100, de

Sable siliceux 60
Matière ténue 24

---

(1) Élémens d'agriculture , page 78.

Cette matière était composée elle-même de

Carbonate de chaux   7
Alumine et silice.   12
Matière saline , un peu moins
de   1
Elle était formée en grande partie
de sel commun , de quelques
traces de gypse et de sulfate de
magnésie. Le reste était de la
matière végétale.   16

J'arrosais, deux fois la semaine, des touffes d'herbes et de blé , assez éloignées l'une de l'autre pour que les résultats ne se complicassent pas mutuellement. Les dissolutions, constamment employées dans la proportion de deux onces, étaient celles des *oxi-carbonate, sulfate, acétate, nitrate et muriate de potasse, du sulfate de soude, des sulfate , nitrate , muriate et carbonate d'ammoniaque.* Toutes les fois que le sel formait le $\frac{1}{70}$ du poids de l'eau , elles étaient nuisibles , moins cependant lorsque c'était du carbonate , du sulfate ou muriate d'ammoniaque. Quand elles n'en contenaient plus que $\frac{1}{300}$, les effets étaient différens.

Les plantes qui recevaient les solutions de sulfates se développaient comme celles du même genre qui recevaient de l'eau de pluie. Celles qu'on arrosait avec des dissolutions de nitre, d'acétate, d'oxi‑carbonate de potasse et de muriate d'ammoniaque, végétaient beaucoup mieux. Celles qui absorbaient le carbonate d'ammoniaque dissous, étaient, de toutes, celles qui poussaient avec le plus de force. On devait naturellement s'attendre à ce résultat, puisque le sel dont il s'agit est composé de carbone, d'hydrogène, d'azote et d'oxygène.

Mais il en est un que je n'avais pas prévu ; les plantes, traitées par les solutions de nitrate d'ammoniaque, ne firent pas plus de progrès que celles qui n'avaient eu que de l'eau de pluie. La solution rougissait le papier de tournesol, et son peu d'effet doit être attribué sans doute à l'acide libre.

Il n'y a pas de doute que la suie ne doive une partie de son efficacité aux composés à base d'alcali volatil qu'elle renferme. La liqueur qu'on obtient en distillant le charbon, est chargée de carbonates, d'acétates ammoniaquaux, et passe pour un excellent engrais.

Je me suis assuré, en 1808, qu'une très-faible dissolution d'acétate d'ammoniaque excitait la végétation du blé.

Les cendres de savonniers sont recommandées pour amender la terre. On suppose que l'efficacité dont elles jouissent dépend des diverses matières salines qu'elles renferment ; mais elles n'en retiennent que fort peu , et les principaux ingrédiens qu'elles recèlent sont de la chaux vive et éteinte. Celles des bonnes savonneries offrent à peine des traces d'alcali. La chaux délitée avec l'eau de mer en donne davantage. On prétend qne l'usage en est quelquefois plus avantageux que celui de la chaux commune.

Il est inutile de discuter plus au long les effets produits par les substances salines; si l'on excepte les composés à base d'ammoniaque , et ceux dont les acides nitrique, acétique et carbonique font partie , il n'y en a aucun qui en se décomposant puisse fournir aux plantes, les principes ordinaires de la végétation, le carbone, l'hydrogène et l'oxygène.

Les sulfates alcalins et les muriates terreux se rencontrent rarement dans les végétaux, ou s'y trouvent en si petite quantité, qu'il est tout-à-fait inutile d'en répandre sur le sol. Nous avons vu que les substances de cette espèce ne se forment jamais dans l'acte de la végétation. Il est très-probable qu'elles ne se décomposent pas davantage dans cette circonstance, car elles se retrouvent dans les cendres des plantes qui les ont absorbées.

Les bases métalliques qu'elles renferment ne peuvent exister en contact avec les fluides aqueux; mais quelque procédé qu'on emploie, elle ne se résolvent, non plus que les métaux, en aucune autre forme de matières. La combinaison dans laquelle elles sont engagées, est-elle détruite, elle passent dans une autre; mais elles restent indestructibles, et ne diminuent pas de poids.

HUITIÈME LEÇON.

De l'amélioration des terres au moyen de l'écobuage. — Principes chimiques de cette opération. — De l'irrigation et de ses effets. — Des jachères. — Avantages et inconvéniens de cette méthode. — Des rotations de récoltes. — Du pâturage. — Idées relatives à son application. — Divers objets d'agriculture, considérés dans leurs rapports avec la chimie. — Conclusion.

L'APPLICATION du feu sur les sols stériles était connue des Romains. Virgile la recommande dans le premier livre des Géorgiques : « *Sæpè etiam steriles incendere profuit agros.* » La théorie de cette méthode, dont on fait encore usage en divers endroits de l'Angleterre, a occasionné de longues discussions parmi les savans et les agriculteurs. Elle repose entièrement sur les doctrines chimiques, et j'espère pouvoir l'exposer d'une manière satisfaisante.

La base de tous les sols ordinaires se compose, comme je l'ai dit dans la quatrième leçon, de mélanges de terres primitives et d'oxide de fer; ces divers principes ont les uns pour les autres une certaine affinité. On peut se faire une idée exacte de la force avec laquelle ils se sollicitent, en considérant la composition de quelque pierre siliceuse commune. Le feldspath, par exemple, contient de la silice, de l'alumine, du calcaire, de l'alcali fixe et de l'oxide de fer. Ces divers élémens ne se maintiennent en un composé unique qu'en vertu de leurs attractions chimiques mutuelles. Réduisez ce feldspath en poussière impalpable, ce n'est plus qu'une substance analogue à l'argile. Portez-la à une température très-élevée, elle entre en fusion et forme, par le refroidissement, une masse cohérente semblable à la pierre originelle ; les parties, séparées par la division mécanique, se rapprochent en conséquence de l'affinité moléculaire. Si le coup de feu n'est pas assez violent, les particules ne se combinent que superficiellement, et produisent un composé graveleux qui, mis en pièces, présente tous les caractères du sable.

La puissance avec laquelle le feldspath en poudre absorbe l'eau de l'air, est beaucoup plus faible après qu'il a éprouvé l'action de la chaleur, qu'auparavant. Les autres pierres siliceuses et alumineuses placées dans les mêmes circonstances, présentent le même phénomène.

Deux parties égales de basalt réduit en poudre impalpable, dont une avait été exposée à une haute température, et l'autre n'avait supporté que celle de l'eau bouillante, mises en contact avec l'atmosphère, reçurent dans le même temps des augmentations de poids fort différentes. En quatre heures elles gagnèrent, celle-ci deux grains, et celle-là sept.

L'application du feu dans les sols argileux ou tenaces produit un effet du même genre, et les porte à un état voisin de celui des sables.

Les briques offrent une nouvelle preuve du principe que nous avons posé. Un morceau de la terre sèche dont elles se composent, appliqué sur la langue, s'y attache fortement en vertu de sa puissance d'absorption; mais dès qu'elle est cuite, elle y adhère à peine.

L'action du feu rend les sols moins compacts, moins tenaces, et diminuent la force avec laquelle ils retiennent l'eau. Appliqué d'une manière convenable, il leur donne des qualités tout opposées. Un fonds pâteux, humide, et par conséquent froid, devient poreux, sec, chaud et beaucoup plus propre à servir de support aux substances végétales.

Les agronomes repoussent l'écobuage sous prétexte qu'il détruit l'humus renfermé dans les sols; mais ce désavantage temporaire est plus que compensé par l'amélioration durable qu'il produit dans la texture des ingrédiens terreux. D'ailleurs cette destruction ne peut qu'être utile dans ceux qui contiennent un excès de matière végétale inerte, et les cendres, par le carbone qu'elles contiennent, profitent plus aux récoltes que les substances fibreuses d'où elles proviennent.

J'en ai soumis à l'analyse plusieurs espèces. L'une avait été envoyée au comité par M. Boys de Bellhanger du comté de Kent, qui a publié un Traité sur l'Ecobuage. Elle avait été obtenue dans un fonds crayeux, et se composait, pour 200 grains, de

Carbonate de chaux. 80
Gypse. 11
Charbon. 9
Oxide de fer. 15
Matière saline. 3
Sulfate de potasse. . . . .

Muriate de magnésie mêlé à une
petite quantité d'alcali végétal.

Le reste était de l'alumine et de la silice.

M. Boys estime qu'une acre en donne communément 172900 livres contenant

Carbonate de chaux. . . . 69160 liv.
Gypse. 9509, 5
Oxide de fer 12967, 5
Matière saline. 2593, 5
Charbon 7780, 5

On ne peut douter qu'il se forme dans cette
occasion une quantité considérable de matières
susceptibles de se transformer en engrais. Le
charbon , réduit en poudre et répandu sur une
grande surface, doit peu à peu se convertir en
acide carbonique. Le gypse et l'oxide de fer ,
comme je l'ai déjà dit dans la dernière leçon ,
semblent produire d'excellens effets, quand on
les applique aux terres qui contiennent un excès de carbonate de chaux.

La deuxième espèce de cendre dont je parlais
tout-à-l'heure provenait d'une prairie située près
de Coleorton dans le Leicestershire , et formée

de quatre pour cent de carbonate de chaux,
des trois quarts de sable siliceux léger, et d'environ un quart d'argile. La pièce était en gazon
avant l'écobuage, et 100 parties de cendre ont
donné

Charbon 6
Muriate de soude et sulfate de po-
    tasse présentant quelques traces
    d'alcali végétal. 3
Oxide de fer 9

Le reste se composait de terres.

Cette cendre, comme celle qui précède, contenait du charbon extrêmement divisé, et dont
la solubilité devait être accrue par la présence
de l'alcali.

La troisième avait été produite par une glaise
tenace des environs de Mount's Bay dans le
Cornwall. Le sol avait été mis en culture par
l'incinération de la bruyère dix ans auparavant. Négligé ensuite, il s'était couvert de fougère en plusieurs endroits, ce qui avait exigé,
une deuxième fois, l'application du feu. 100
parties de cendre contenaient

Charbon 8

Matière saline, principalement sel
commun avec un peu d'alcali
végétal. 2
Oxide de fer 7
Carbonate de chaux. 2

Le reste était de l'alumine et de la silice.

La quantité de charbon est plus grande ici que dans les deux premiers essais. Quant au sel, je soupçonne qu'il est dû au voisinage de la mer, qui n'est éloignée que de deux milles. Ce sol contient, on ne peut en douter, un excès de fibre végétale et de matière vivante du même règne, qui est tout-à-fait inutile. J'ai ouï dire depuis qu'il s'était considérablement amélioré.

On a eu recours à une foule de causes obscures pour expliquer les effets de l'écobuage. Je pense qu'ils sont entièrement dûs à ce que les argiles deviennent moins cohérentes et moins tenaces, que la matière végétale inerte est détruite et convertie en engrais.

Darwin suppose, dans sa Phytologie, que, pendant la torréfaction, l'argile s'empare de quelques principes nutritifs répandus dans l'atmosphère, et les communique ensuite aux plantes. Mais les terres ne sont que des oxides métalliques saturés d'oxygène, et que la chaleur dépouille des autres substances volatiles avec lesquelles ils sont combinés. Celui de fer passe au maximum pendant l'opération, s'il n'y est déjà, et la terre se colore en rouge. Mais, dans cet état, l'oxide a moins d'énergie qu'il n'en avait d'abord. Il n'agit plus qu'à la façon des bases, et les acides avec lesquels il se trouve en contact le dissolvent avec plus de difficulté. Un chimiste ingénieux, que j'ai cité dans la dernière leçon, prétend que le fer, en se combinant avec l'acide carbonique, devient mortel aux plantes, et qu'un des avantages de la torréfaction est de chasser ce fluide aériforme; mais le sel qui en résulte est insoluble dans l'eau, et tout-à-fait inerte.

Du cresson, cultivé dans un mélange de carbonates de fer et de chaux, dont celui-ci formait les quatre cinquièmes, a joui de la plus belle végétation. Le premier abonde dans les sols les plus fertiles de l'Angleterre, dans ceux surtout qui sont destinés au houblon. Aucune considération théorique ne permet de supposer que l'air fixe, qui contribue d'une manière aussi essentielle à la nutrition des plantes, leur devienne préjudiciable, quelles que soient les combinaisons dans lesquelles il s'engage, et l'on sait que la chaux et la magnésie sont funestes aux récoltes tant qu'elles ne sont pas saturées de ce principe.

Tous les sols qui renferment trop de fibre végétale morte, et qui perdent dans l'incinération du tiers à la moitié de leur poids ; tous ceux dont les parties constituantes sont dans un état de division impalpable, c'est-à-dire, les sols argileux et les marnes, gagnent à l'écobuage. Mais cette opération détériore les fonds riches, formés d'un mélange de terres convenables, ceux dont la texture est suffisamment poreuse ou dont la matière susceptible d'organisation est assez soluble.

Elle est nuisible dans tous les mauvais terrains à base de silice ; la pratique à cet égard est d'accord avec la théorie. Dans un essai sur les engrais, M. Young rapporte « qu'il a re- » connu que l'application du feu appauvrit les » fonds sablonneux. » Les bons agriculteurs ne l'emploient jamais sur les terres de cette espèce dès qu'elles sont une fois en culture.

Un fermier intelligent de Mounts' Bay, m'a raconté qu'il n'avait pu remettre en bon état un petit champ écobué depuis plusieurs années. J'ai examiné cette pièce ; c'est un fonds siliceux entièrement aride, et qui ne produit que des herbes misérables.

L'irrigation ou arrosement des terres paraît, au premier coup-d'œil, l'opposé de la torréfaction. L'eau réduit en général les substances terreuses à un état de division extrême ; mais les effets de cette opération, exécutée par des moyens artificiels, dépendent de plusieurs causes, les unes chimiques, les autres mécaniques.

L'eau est essentielle à la végétation. Quand les pluies ont été abondantes pendant l'hiver ou au commencement du printemps, la terre s'humecte à des profondeurs souvent considérables ; l'humidité dont elle s'imbibe devient une source de nutrition pour les plantes, et les protége contre les chaleurs excessives de l'été.

Quand le liquide employé à rafraîchir le sol, a traversé des lieux calcaires, il tient généralement en solution du carbonate de chaux, et cette circonstance produit souvent de très-bons effets.

L'eau de rivière commune est chargée pour l'ordinaire de quelques matières susceptibles d'organisation ; elle en renferme davantage

7*

après les pluies, et plus encore quand elle coule dans des pays cultivés.

Lorsqu'elle est tout-à-fait pure et complètement dépouillée de substances étrangères, elle agit en répartissant d'une manière plus égale les principes nutritifs contenus dans le sol. Pendant les saisons rigoureuses, elle préserve les feuilles et les racines encore tendres, des atteintes du froid.

La densité de l'eau est plus considérable à $5°,5$ qu'à $0°$; il résulte de-là qu'en hiver le liquide dont les prairies sont couvertes est rarement au-dessous de $5°$, température qui n'est pas préjudiciable aux organes des plantes.

J'essayai de la déterminer pendant le mois de mars 1804, dans le voisinage de Hungerford en Berkshire. Un thermomètre fort sensible que j'employais à cette expérience marquait dans l'air $2°,5$ au-dessous de zéro à sept heures du matin. L'herbe était cachée par la glace, et le sol au-dessous, dans lequel les racines végétaient indiquait six degrés.

En général, les eaux abondantes en poissons sont les meilleures, mais toutes produisent les principaux avantages qu'on se propose d'obtenir en les conduisant dans les terres. On peut cependant poser en principe que celles qui sont ferrugineuses, quoique excellentes lorsqu'elles sont appliquées sur les sols calcaires, sont mauvaises sur ceux qui ne font pas effervescence avec les acides ; et que celles qui donnent un dépôt quand elles sont soumises à l'ébullition, exercent une influence utile sur les fonds siliceux ou autres qui ne contiennent pas beaucoup de carbonate de chaux.

Nous avons exposé les principaux moyens d'améliorer les terres. Ils consistent à éloigner certaines substances, à en introduire de nouvelles ou à changer leur nature. Il ne nous reste plus à discuter qu'une pratique très-ancienne et suivie encore de nos jours, je veux parler des *jachères* ou de la méthode d'exposer le sol à l'air et de le soumettre à des opérations entièrement mécaniques.

Les avantages qu'on en retire ont été exagérés. Un peu de relâche peut être quelquefois nécessaire dans les terrains qui se couvrent continuellement d'herbes, et qui ne peuvent être écobués parce qu'ils sont sablonneux. Mais comme partie d'un système général d'économie rurale, cette opération est vicieuse.

Quelques agronomes ont supposé que l'atmosphère fournit à la terre des principes qui la fécondent ; que ceux-ci, épuisés par la suc-

cession des récoltes, réparent leurs pertes, et
s'augmentent pendant que le sol se repose et
qu'il éprouve l'action de l'air : mais cette supposition n'est pas exacte ; les élémens dont il
se compose ne peuvent se combiner avec plus
d'oxygène qu'ils n'en renferment déjà ; aucun
d'eux ne s'unit à l'azote, et ceux qui ont de
l'affinité pour l'acide carbonique sont toujours
complètement saturés dans les terrains soumis
à cette opération.

Il est vraisemblable que les idées vagues qu'on
s'était formées autrefois sur l'usage du nitre
et des sels nitreux dans la végétation, sont une
des principales considérations qui ont maintenu la pratique des jachères d'été. Ces sortes
de sels prennent naissance pendant l'exposition des terres qui contiennent des débris de
substances animales et végétales, et les saisons
chaudes surtout les développent en abondance.
Mais la production dont il s'agit est probablement due à la combinaison de l'azote qui se
dégage de ces débris et de l'oxygène répandu
dans l'atmosphère. Elle n'est donc engendrée
qu'au moyen d'un principe qui eût pu donner
de l'ammoniaque dont les composés sont bien
autrement propres à développer la végétation.

Les mauvaises herbes, enfouies dans le sol,

se décomposent peu à peu, et fournissent une certaine quantité de matières solubles ; mais on peut douter qu'un fond contienne autant d'humus, lorsque le temps de la jachère expire, qu'au moment où il a reçu le dernier coup de charrue. Il s'est formé sans interruption de l'acide carbonique par la réaction des principes végétaux et de l'oxygène de l'air, et la plus grande partie s'en dissipe à pure perte.

Le soleil, qui darde sur la surface nue du sol, tend à en dégager toutes les substances gazeuses et fluides volatiles. La chaleur rend la fermentation plus active ; et c'est à l'époque où il n'y a point de végétaux pour les absorber, que les principes de la nutrition sont plutôt élaborés.

Quand la terre n'est pas employée à produire de la nourriture pour les animaux, elle devrait l'être à préparer des engrais pour les plantes. C'est ce qui s'effectue au moyen des récoltes vertes qui absorbent le carbone et l'acide carbonique de l'atmosphère. Les jachères d'été entraînent toujours une perte de temps qui pourrait être employé à la culture des végétaux.

D'ailleurs, cette jachère n'est pas aussi profitable à la terre que celle d'hiver, où la force expansive de la glace, la fonte graduelle des neiges, et les alternatives de sécheresse et d'humidité, tendent à pulvériser le sol et à mélanger ensemble les diverses parties dont il se compose.

Dans la culture en lignes, la terre est constamment propre. Les plantes, disposées par rangées, n'opposent aucun obstacle à l'extirpation des mauvaises herbes. La récolte verte elle-même ou les déjections des bestiaux qui s'en nourrissent, fournissent les engrais, et les végétaux à larges feuilles alternent avec ceux qui portent des graines.

C'est un grand avantage dans un système de culture, de tirer des substances qu'on emploie pour amender la terre, tout le parti possible, en sorte que les parties qui ne contribuent pas au développement d'une récolte servent à la nutrition d'une autre. C'est ainsi que M. Coke ouvre son assolement par les turneps. Le fumier récent qu'il distribue dans le sol leur fournit toute la matière soluble qui leur est nécessaire; et la chaleur, dégagée par la fermentation, favorise la germination de la graine et développe la jeune plante. Au turneps, succèdent l'orge et quelque fourrage artificiel. Le fonds, peu épuisé par la première récolte,

administre au grain tous les principes solubles
auxquels la décomposition des fumiers a donné
naissance. Les herbes, le ray-grass et le trèfle
viennent ensuite. Ils ne puisent dans le sol
qu'une petite partie des substances qu'ils s'as-
similent, et s'emparent probablement du gypse
contenu dans les engrais, et que les autres
productions ne consomment pas. Ces plantes
puisent dans l'atmosphère la plus grande portion de leur nourriture au moyen des vastes sys-
tèmes de feuilles dont elles sont pourvues; et
lorsqu'à la fin de la seconde année on procède
à un nouveau labourage, la terre se trouve en-
richie des débris de feuilles et de racines qui
se décomposent et dont le blé profite. A cette
époque, la fibre ligneuse du fumier est rompue, et dégage le phosphate de chaux et autres
principes peu solubles. Aussitôt que la récolte
est faite, M. Coke fume et recommence les
mêmes opérations.

M. Gregg, dont le comité d'agriculture a
publié l'excellent système agricole, et qui a le
mérite d'avoir appliqué aux terres argileuses
une méthode analogue à celle de M. Coke, les
laisse en prairies pendant deux ans après la
moisson de l'orge; il sème ensuite des pois et
des fèves dont il enfouit le chaume et aux-

quels succède le froment. Quelquefois, lorsque celui-ci est récolté, il le remplace par des vesces et de l'orge d'hiver, que les bestiaux consomment au printemps avant les semailles des turneps.

Les pois et les fèves paraissent très-propres à disposer la terre à la culture du blé ; dans quelques fonds riches, comme dans les sols d'alluvion de Parret dont nous avons parlé dans la quatrième leçon, et dans ceux qui environnent les dunes de Sussex ; ils alternent avec cette céréale pendant plusieurs années consécutives. Ils contiennent, d'après l'analyse rapportée dans la troisième leçon, une petite quantité d'une matière analogue à l'albumine ; mais il semble que l'azote, qui en est une partie constituante, est fourni par l'atmosphère. La feuille sèche de fève exhale, quand elle brûle, une odeur peu différente de celle de la matière animale qui se putréfie ; cette feuille, en se décomposant dans le sol, peut fournir des principes susceptibles d'entrer dans la formation du gluten que le blé renferme.

Quoiqu'en général la composition des plantes soit à peu près la même, néanmoins les différences spécifiques des produits de plusieurs d'entre elles, et les faits rapportés dans la dernière leçon, prouvent que les principes qu'elles pompent dans le sein de la terre, varient suivant l'espèce à laquelle elles appartiennent ; et quoique, proportion gardée, elles épuisent d'autant plus le sol de matière nutritive commune, que le système des feuilles dont elles sont pourvues est plus petit ; néanmoins quelques végétaux exigent que le fonds où ils croissent contienne certains principes pour bien se développer. Les pommes-de-terre et les fraises donnent d'abord des récoltes abondantes dans les prairies nouvellement rompues ; mais d'année en année elles produisent moins, et demandent enfin d'être changées de sol. Ces plantes ont une telle organisation qu'elles s'étendent sans cesse. La première dirige constamment ses longues racines vers la terre fraîche, et les fibres radicales de la seconde développent des tubercules à une distance considérable de la tige mère. Les terrains cessent à la longue de produire de belles récoltes de fourrages ; ils se *lassent*, suivant l'expression populaire. Nous avons indiqué dans la dernière leçon une des causes probables de ce fait.

Certains champignons fournissent une preuve remarquable de la force avec laquelle les végétaux épuisent le sol et s'emparent des principes nécessaires à leur croissance. On dit que les mousserons ne viennent jamais deux années de suite à la même place, et le docteur Wollaston attribue le phénomène connu sous le nom de cercles magiques, à la présence d'une espèce de fungus qui absorbe toutes les substances essentielles à la production de son espèce. Les semences ne peuvent végéter aux lieux occupés par les plantes qui les ont produites, la partie circulaire étant épuisée. Les champignons ne réussissent qu'au dehors du cercle, qui s'étend d'année en année; tandis que leurs débris fournissant des substances nutritives aux graminées, celles-ci se développent avec force dans l'intérieur, et sont d'un vert foncé.

Un terrain dont les bestiaux consomment le pâturage, et qui ne reçoit pas leurs déjections, s'épuise constamment. Cet effet a lieu surtout lorsqu'il s'agit de chevaux de charrois qui paissent pendant la nuit, et perdent la plus grande partie de leur fumier pendant le travail du jour.

L'exportation des grains, à moins que le pays où elle se fait ne reçoive en échange des matières susceptibles de se convertir en engrais, doit à la longue épuiser le sol. Quelques-unes des parties aujourd'hui stériles de l'Afrique septentrionale et de l'Asie mineure, étaient autrefois fertiles; la Sicile était le grenier de l'Italie, et la quantité de céréales que les Romains en ont tirées paraît être la principale cause de son aridité actuelle.

Notre système commercial n'a pas les mêmes inconvéniens. Il nous pourvoit de substances dont l'usage et la décomposition enrichissent la terre. Nous recevons du blé, du sucre, des suifs, des peaux, des fourrures, des vins, de la soie, du coton, etc. La mer nous fournit du poisson; et, parmi les nombreux objets dont nos exportations se composent, les laines, les toiles et les cuirs sont les seuls qui contiennent des matières nutritives extraites du sol.

Quels que soient les assolemens, chaque partie du sol doit concourir à la production des plantes; mais la profondeur qu'il convient de donner aux sillons dépend de la nature de la terre labourable et de la couche qui la supporte. Dans les bons terrains argilleux, la charrue ne peut aller trop bas; il en est de même des fonds dont le sable fait la base, à moins qu'ils ne recèlent, à quelque distance de la surface, des principes nuisibles à la végétation. Lorsque les racines sont bien enterrées, elles sont moins exposées à souffrir par les excès de sécheresse et d'humidité ; elles s'étendent mieux dans toutes les directions, et l'espace, d'où elles extraient les substances dont elles se nourrissent, est plus considérable que lorsque ces semences sont simplement répandues au-dessus du sol.

On a beaucoup discuté les avantages des prairies permanentes, mais les circonstances de situation et de climat peuvent seules décider cette question. Si l'on a des moyens d'irrigation faciles, ou si l'on habite des contrées où les pluies sont abondantes, on obtient à peu de frais des récoltes considérables. Dans le voisinage des grandes villes où il se consomme beaucoup de foin, il est avantageux de faire usage des engrais ; le prix toujours modéré où ils se vendent est couvert par l'augmentation de fourrage qu'ils développent ; néanmoins ils doivent être exclus d'un système général de culture ; ils éprouvent une trop grande déperdition par l'action de l'air et du soleil, et cette circonstance est un nouveau motif pour les employer, même dans ce cas, plutôt frais que fermentés.

On a donné peu d'attention au choix des herbes les plus propres à former des prairies

permanentes. La qualité principale qu'on exige
consiste dans la quantité de matières nutritives
que contient la récolte entière. Mais l'époque
où elles peuvent être fauchées et la durée des
produits qu'on en retire, sont des considérations
d'une haute importance. Une plante qui donne
du fourrage vert toute l'année, peut être plus
précieuse que celle dont la coupe a lieu en été,
quoique d'ailleurs elle soit plus substantielle
que la première.

Celles qui se propagent par leurs racines,
telles que les différentes espèces d'agrostis, produisent sans interruption des pâturages; et,
comme je l'ai déjà dit, la sève concrète, déposée
dans leurs nœuds, en fait une bonne nourriture
d'hiver. J'ai vu, à la fin de janvier, récolter
quatre yards carrés de fiorin dans une pièce à
base de glaise froide, exclusivement consa-
crée à la culture de cette plante. Ils produisirent 28 livres de fourrage qui, sur mille parties, en contenaient soixante-quatre de matière
nutritive, composée d'environ $\frac{1}{8}$ de sucre, de $\frac{2}{8}$
de mucilage et d'un peu de matière extractive.
Dans une autre expérience, quatre yards donnèrent 27 livres de fourrage vert, mais dont la
qualité était inférieure à celle du fiorin men-

tionné dans la table, que la troisième leçon renferme, et qui avait été fauché au mois de décembre dans un terrain plus riche situé en Middlessex.

Pour atteindre sa perfection, le fiorin demande un climat humide ou un sol mouillé. Il vient admirablement dans des terrains argileux froids, où aucune autre plante ne prospère. Dans les terres légères, dans les expositions sèches, il ne donne qu'un produit bien inférieur en quantité et en qualité aux récoltes ordinaires qu'on en obtient.

Les herbes communes, celles qui fournissent le plus de matières nutritives dès les premiers jours du printemps, sont l'alopécure des prés et le poa printanier. Mais quand elles entrent en floraison ou que leurs semences mûrissent, elles sont inférieures à une foule d'autres graminées ; leur dernière pousse néanmoins est abondante.

D'après les expériences du duc de Bedfort, aucune plante ne donne plus de substances nutritives que la grande fétusque des prés, quand on la récolte au moment où ses fleurs sont épanouies ; et le fléau des prés est celle qui en contient davantage, quand ou la coupe lorsque sa graine atteint la maturité. De toutes les graminées qu'il a soumises à ses épreuves, c'est le poa maritime qui donne le plus de regain.

La nature a répandu dans les prairies, diverses plantes dont les produits diffèrent suivant les saisons. On doit, autant que possible, imiter ce mélange quand on consacre une pièce de terre à la culture des fourrages. Peut-être même en obtiendrait-on de préférables à ceux qui croissent spontanément, si on adoptait de justes proportions de ces espèces de gramens, qui sont appropriés à la nature du sol, et qui donnent les plus abondantes récoltes de printemps, d'été, d'automne et d'hiver. Dans l'appendice, nous exposerons des détails qui prouvent que ce plan de culture est très-praticable.

Toutes les mauvaises herbes, quelles que soient les terres qu'elles infectent, prés ou champs, doivent être arrachées avant que la graine soit mûre. Si on souffre qu'elles se développent dans les haies, il faut les détruire dès que la floraison commence, ou même auparavant, et les mettre en tas pour les convertir en engrais. Cette méthode sera doublement avantageuse : on préviendra la multiplication qu'occasionnerait la dispersion de leurs semences,

et on obtiendra une certaine quantité de matière nutritive qu'elles produisent en se décomposant. L'agriculteur qui les laisse sur
pieds, et permet aux vents d'en disperser les
graines, ne cause pas de moindres dommages
à ses voisins qu'à lui-même. Quelques chardons suffisent pour empoisonner une ferme
entière ; le duvet léger dont leurs semences
sont pourvues, les met à même d'obéir à la
moindre action de l'air, et d'être transportées à
de grandes distances. La nature a pris tant de
précautions pour perpétuer l'espèce des moindres plantes, qu'il faut des soins extrêmes pour
détruire celles qui nuisent à l'agriculture. Des
graines privées du contact de l'atmosphère peuvent dormir plusieurs années dans le sol (1),
et germer ensuite si les circonstances deviennent

(1) Cette circonstance et d'autres encore expliquent
l'apparition des plantes dans les lieux qui, précédemment, n'en offraient aucune de même espèce. Des semences tombent dans la mer et sont chariées au moyen
des courans dans les îles les plus éloignées : les enveloppes dont elles sont pourvues les garantissent de l'action des eaux. On trouve souvent sur nos côtes des
graines de l'Amérique occidentale, dont les cotylédons,
ramollis par un aussi long trajet, germent sur-le-champ.
D'autres graines nous sont apportées par les oiseaux.
Les fruits dont ils se nourrissent en contiennent qui ré-

favorables. Les semences qui sont ailées, comme celles des chardons et des dents de lion, peuvent même, au moyen des eaux et des orages, être jetées sur les points les plus éloignés. Le fléabane du Canada a été récemment trouvé en Europe, et Linnée suppose qu'il nous est venu d'Amérique par la voie de l'atmosphère.

Il y a divers avantages à nourrir les animaux dans les écuries avec du fourrage vert. Leurs déjections sont recueillies, et les plantes coupées à la faux souffrent moins que lorsqu'elles sont déchirées par la dent du bétail, qui d'ailleurs en écrase toujours une partie. Au ratelier, tout se mange, tout se consomme pêle-mêle et sans choix. L'avidité et la répugnance que les animaux manifestent pour certaines plantes, ne décident rien pour les propriétés nutritives dont elles jouissent. Les gâteaux de graines de lin sont une des nourritures les plus substantielles qu'on connaisse, et cependant ils la refusent d'abord (1).

---

sistent aux forces digestives, et sont déposés avec les excrémens qui contribuent à les développer. Les semences légères des mousses et des lichens sont répandues dans toute l'atmosphère, et couvrent la surface de la mer. Voyez la note C à la fin du volume.

(1) Les observations suivantes, sur le choix des dif-

Si on leur prépare une nourriture artificielle, elle doit, autant que possible, se rapprocher de celle qu'ils consomment habituellement. Ainsi, dans le cas où on leur administre du

---

férentes espèces de fourrages qui conviennent aux brebis et aux autres animaux, sont de M. George Saint-Clair.

Lolium perenne, ray-grass. Les moutons préfèrent cette herbe à toute autre dans les premiers temps de sa pousse; mais aussitôt que les semences mûrissent, ils ne la recherchent plus. Une pièce de terre faisant partie du parc de Woburn, divisée en deux portions égales, fut ensemencée, dans l'une de ray-grass, de trèfle blanc; et dans l'autre, de pieds-de-poules et de trèfle rouge. Depuis le printemps jusqu'au milieu de l'été, ils se tinrent sans interruption sur la première, et s'attachèrent avec la même constance à la seconde, pendant le reste de la saison.

Dactylis glomerata, dactylis agglomérée ou pieds-de-poules. Les bœufs, les chevaux, les moutons, mangent cette herbe avec avidité. Les premiers de ces animaux se nourrissent de la tige et des fleurs, depuis l'époque de la floraison jusqu'à celle où les semences entrent en maturité L'expérience ci-dessus en a donné la preuve. En général, les derniers montrent de la préférence pour le ray-grass, le trèfle blanc; et les premiers, pour le trèfle rouge, la dactylis agglomérée.

On lit dans les *Amœnitates academicæ*, que les

sucre, il doit être allié à une certaine quantité de paille ou de foin haché, afin que les fonctions de l'estomac et des intestins s'accomplissent comme à l'ordinaire. C'est une consé-

---

bœufs rejettent celle-ci; mais l'essai de Woburn est contraire à l'assertion des élèves de Linnée.

Alopecurus pratensis, alopécure des prés. Les chevaux et les moutons semblent avoir pour cette herbe plus de penchant que les bœufs. Elle demande un sol qui tienne le milieu entre la sécheresse et l'humidité, et donne des récoltes abondantes. Elle forme une portion considérable de l'excellent fourrage qu'on recueille dans les prairies humides de Priestley. Elle occupe constamment la partie élevée des à dos, et s'étend à environ six pieds des deux côtés des rigoles. L'espace au-dessous est garni de pieds-de-poules, de poa commun, de *festuca pratensis*, *festuca duriuscula*, *agrostis stolonifera*, *agrostis palustris*, de flouve odorante et de quelques autres espèces.

Phleum pratense, fléau des prés. Les bœufs, les chevaux et les moutons en sont fort avides. Le docteur Pulteney prétend que ceux-ci le rejettent; mais dans les endroits où il abonde, il ne paraît point qu'ils le rebutent, ni même qu'ils l'évitent; ils le consomment avec les autres plantes dont il est environné, et même ils le préfèrent au *phleum nodosum*, au *phleum alpinum*, au *poa fertilis* et au *poa compressa*. Les lièvres en sont très-friands. Cette plante exige, pour réussir, un terrain argileux, riche et profond.

quence du principe sur lequel est fondée la pratique du mélange d'orge et de paille dont nous avons déjà parlé dans la troisième leçon.

Agrostis stolonifera, fiorin. On lit dans les *Amœnitates academicæ*, que les chevaux, les moutons et les bœufs le mangent avec avidité. On a essayé de vérifier cette assertion à la ferme que le duc de Bedford possède à Maulden. On a placé dans les rateliers de petits paquets isolés de fiorin et de foin, sans que les chevaux aient montré plus d'empressement pour l'un que pour l'autre de ces fourrages. Mais il paraît hors de doute, d'après les expériences du docteur Richardson, que les chevaux et les vaches le préfèrent au foin, lorsqu'il est vert. On a aussi acquis la conviction que les doutes élevés par quelques personnes sont dénués de fondement, et qu'il réussit parfaitement en Angleterre. Lady Hardwicke a rendu compte d'un essai qu'elle a tenté sur ce fourrage. Elle a nourri pendant quinze jours vingt-trois vaches, un poulain et plusieurs cochons avec ce qu'elle en a récolté sur un seul acre.

Poa trivialis, poa commun. Les bœufs, les chevaux et les moutons le recherchent avidement. Les lièvres s'en nourrissent aussi, mais ils donnent la préférence au poa des prés qui, sous beaucoup de rapports, a de l'analogie avec cette plante.

Poa pratensis, poa des prés. Les bœufs et les chevaux mangent cette herbe comme les autres ; mais les moutons aiment mieux la festuque dure et celle *des*

Il faut avoir soin de ne pas employer, lorsqu'on lave les brebis, de l'eau qui contienne du carbonate de chaux ; car cette substance décompose le suint, qui est un savon animal,

---

moutons, qui viennent dans les mêmes sols. Elle épuise plus la terre qu'aucune autre espèce de plantes. Ses racines sont nombreuses, traçantes, et s'enlacent les unes dans les autres en moins de deux à trois ans. Son produit diminue alors dans le même rapport que cette confusion augmente. Elle croît communément dans les prés, sur les chaussées sèches, et même sur les murs.

Cynosurus cristatus, cretelle des prés. Les brebis de quelques cantons méridionaux, et les daims, paraissent manger cette herbe avec plaisir. Elle fait la plus grande partie du gazon dans quelques endroits du parc de Woburn où ces animaux paissent de préférence, tandis qu'ils négligent ceux où croissent l'*agrostis capillaris*, l'*agrostis pumilis*, la *festuca ovina*, la *festuca duriuscula* et la *festuca cambrica*. Les moutons du pays de Galles montrent des goûts tout opposés, ils recherchent les plantes dont il vient d'être question, et touchent à peine au *cynosurus cristatus*, au *lolium perenne* et au *poa trivialis*.

Agrostis vulgaris (*capillaris* Linn.), agrostis commun. C'est une plante très-commune dans tous les mauvais terrains sablonneux. Elle est peu agréable aux bestiaux, aussi ne la mangent-ils jamais quand ils trouvent d'autres herbes à leur portée. Cependant les mouet qui tend naturellement à conserver la laine. Lorsque celle-ci est fréquemment passée dans un liquide chargé de calcaire, elle devient rude et un peu cassante. Les laines d'Espagne

---

tons du pays de Galles la préfèrent à toute autre, comme nous venons de le dire ; et une chose digne de remarque, c'est que ceux même qui ont vu le jour à Woburn, et ont été élevés dans le parc, montrent constamment de la prédilection pour les plantes qui croissent naturellement dans les montagnes des contrées dont ils sont originaires. Le voisinage des meilleures graminées ne peut triompher de ce penchant, qui semble tenir à autre chose qu'à l'habitude.

Festuca ovina, festuque des moutons. Tous les bestiaux aiment cette herbe ; mais il paraît d'après les expériences qui ont été faites dans les sols argileux, qu'elle ne s'y maintient pas long-temps, et que les espèces dont la végétation est plus vigoureuse ne tardent pas à l'étouffer. Dans les terrains secs et peu profonds, qui ne peûvent supporter les plantes fortes, elle devrait être la principale, si ce n'est la seule graminée dont on soigne la culture. Dans son état naturel elle n'est jamais mélangée avec aucune autre.

Festuca duriuscula, festuque dure. Parmi les herbes peu élevées, c'est une des meilleures espèces. Tous les animaux la mangent avec délices ; les lièvres la recherchent, la broutent jusqu'à la racine, et tant qu'elle n'est pas entièrement consommée, ils ne touchent pas à la *festuca ovina*, à la *festuca rubra* qui

et de Saxe , qui sont les plus fines , sont aussi celles qui abondent davantage en suint. M. Vauquelin a fait l'analyse de plusieurs espèces de ce composé , et a reconnu qu'il est

---

l'environnent. Elle se trouve dans presque tous les bons prés et pâturages.

Festuca pratensis , festuque des prés. Elle existe aux mêmes lieux que la précédente ; très-agréable aux chevaux , aux moutons et surtout aux bœufs. Elle paraît avoir la plus belle végétation possible quand on l'associe à la festuque dure et au poa commun.

Avena elatior , grand fromental. Cette plante très productive se rencontre fréquemment dans les prairies naturelles et artificielles ; mais le bétail ne l'aime pas , les chevaux surtout en font peu de cas. Elle ne donne qu'une faible quantité de matières nutritives ; le sol qui paraît lui convenir le mieux est la glaise tenace.

Avena flavescens , avoine jaunâtre. Cette herbe , qui semble ne venir que dans les terres sèches et les prairies , plaît aux moutons et aux bœufs , qui la mangent avec la cretelle des prés et la flouve odorante , qui croissent naturellement avec elle. L'application d'un engrais calcaire en double le produit à peu de chose près.

Holcus lanatus , holcus laineux. Il est très-commun et croît dans les terrains les plus riches comme dans les plus pauvres ; sa graine est légère , abondante , et se disperse par l'action des vents. Il déplaît en général à tous les animaux ; et comme aucun d'eux ne le

principalement formé d'un savon à base de potasse (c'est-à-dire d'une matière huileuse et de potasse) et d'un petit excès de matière huileuse. Il a également reconnu qu'il contient une quantité notable d'acétate de potasse, un peu de carbonate et de muriate de la même

---

touche pour ainsi dire, il paraît être celle des plantes qui fournit le plus d'herbages ; mais il s'en faut bien que ce produit soit aussi considérable qu'on serait tenté de le croire au premier coup d'œil. Le foin qu'il donne est, à raison de la grande quantité de duvet dont ses feuilles sont couvertes, constamment doux et spongieux.

Anthoxanthum odoratum, flouve odorante. Les chevaux, les bœufs, les moutons, mangent cette herbe ; mais ils l'abandonnent dès qu'ils trouvent l'alopécure des prés, le trèfle blanc, le pied-de-poule, etc. M. Grant de Leighton a converti en prairie une pièce, dont la moitié fut ensemencée de cette herbe, alliée à du trèfle blanc, et l'autre d'alopécure et de trèfle rouge. Les moutons laissèrent la première portion, et s'attachèrent à la seconde. L'auteur de cette note a vu la pièce au moment où la récolte touchait à sa maturité, et rien n'était plus satisfaisant. On avait essayé de semer des quantités égales de trèfle blanc avec chacune de ces deux graminées ; mais comme la flouve s'élève peu, la végétation du trèfle, avec lequel elle était mêlée, fut beaucoup plus belle que celle de la même plante alliée avec l'alopécure.

base, ainsi qu'une matière animale odorante particulière.

M. Vauquelin rapporte que divers échantillons de laine perdent jusqu'à 45 pour $\frac{0}{0}$ dans l'opération du désuintage ; et que jamais, dans ses expériences, le déchet n'a été au-dessous de 35 pour $\frac{0}{0}$.

Le suint protége la laine pendant la saison des pluies et du froid. Un peu de savon à base de potasse et avec excès d'huile, appliqué pendant l'hiver aux moutons tirés des climats chauds, ne serait pas sans avantages, dans le cas où l'on rechercherait la finesse de la laine. Cette méthode simple serait plus conforme à la nature que celle qui a été adoptée par M. Bakewell, quoique d'ailleurs fort ingénieuse. Mais à l'époque où il l'imagina, la nature chimique du suint n'était pas connue.

J'ai discuté toutes les questions que l'expérience et l'étude m'ont fait connaître sur la dépendance de la chimie et de l'agriculture.

J'ose espérer que quelques-unes des idées que j'ai émises contribueront au perfectionnement du plus utile et du plus important des arts.

D'autres continueront sans doute ces recherches ; et à mesure que la chimie fera des progrès, elle fournira de nouvelles méthodes à l'économie rurale.

Cette branche de connaissances, à la fois agréables et lucratives, ne peut manquer d'attraits pour les hommes capables de les étendre. La science ne doit pas être considérée comme un assemblage de théories spéculatives, mais comme une extension de nos facultés, que l'expérience éclaire, et qui substitue peu à peu aux préjugés populaires des principes rationels et incontestables.

La terre recèle des trésors immenses qui peuvent, s'ils sont employés d'une manière convenable, accroître nos richesses, notre population et nos forces physiques.

L'emploi des machines et la division du travail, donnent à notre nation des avantages

qu'aucune autre ne possède ; et les mêmes
ressources, la même aptitude dont nous avons
fait preuve dans le commerce , les sciences
et les arts, appliquées à la culture de la terre,
produiront les plus heureux effets. L'industrie et la constance triomphent de tous les
obstacles. Les vues et les affections de l'agriculteur sont aussi celles du patriote. Les
hommes tiennent davantage à ce qu'ils ont
gagné eux-mêmes. Le succès inspire de la
confiance, on chérit mieux son pays lorsqu'on
a contribué à sa prospérité par des talens et
des efforts, et nos intérêts s'identifient avec
les institutions auxquelles nous devons la sé-
curité, l'indépendance et les jouissances de
la civilisation.

APPENDICE.

TABLEAU

Des résultats obtenus dans les expériences faites par ordre du duc de BEDFORD, pour déterminer le produit et les qualités nutritives de différentes herbes et autres plantes employées comme fourrages.

INTRODUCTION

DE L'ÉDITEUR.

De deux cent quinze plantes susceptibles de prospérer dans les Iles britanniques, deux seulement, le raigrass et le pied de poule, sont cultivées avec quelque étendue dans nos prairies artificielles. Cette préférence même, semble plutôt due au hasard qu'aux qualités dont elles jouissent.

La connaissance de la valeur comparative des diverses espèces de graminées, est un point d'une grande importance dans l'agriculture pratique. C'est pour le déterminer que le duc de Bedfort a institué la série d'expériences dont nous allons exposer les résultats.

Des espaces de quatre pieds carrés ont été enclos de planches dans le jardin de Woburn, de manière que toute communication latérale était interceptée. La terre a été enlevée et remplacée par d'autre, simple ou mélangée, de manière à fournir aux plantes celle qui favorise le plus leur végétation. On a également choisi quelques variétés, afin de s'assurer des effets que différens sols produisent sur la même plante.

Les graminées ont été plantées ou semées, et leurs produits coupés, récoltés et séchés par M. Sainclair, dans les saisons convenables, en été et en automne. Afin de s'assurer, autant que possible, de la puissance nutritive des unes et des autres, des poids égaux d'herbes ou substances végétales sèches, étaient traités par l'eau chaude jusqu'à ce que toutes les parties solubles fussent dissoutes. La solution était ensuite évaporée jusqu'à siccité par une douce chaleur au moyen d'une étuve, et la matière obtenue pesée avec soin. Cette partie de l'opération a été conduite avec beaucoup d'adresse et d'intelligence par M. Sainclair, auquel tous les détails et calculs suivans appartiennent.

Les extraits secs qu'on supposait contenir la matière nutrive des herbes, m'ont été envoyés pour en faire l'analyse. J'ai donné la composition de quelques-uns de ces résidus dans la table qui se trouve page 183. Je présenterai, à la fin de l'appendice, quelques observations sur les autres. Les conclusions qui pourront s'en déduire, prouveront que la méthode de déterminer la puissance nutritive des herbes, par la quantité de matière soluble dans l'eau qu'elles contiennent, est suffisamment exacte pour les recherches agricoles.

—————

Curt. Lond.—*Flora Londinensis*, par William-Curtis, 2 vol. Londres, 1798; in-fol.

Fl. Dan. — *Flora Danica*, ou *Icones plantarum sponte nascentium in regnis Daniæ et Norvegiæ*, editæ à Ge. OEder. *Hafniæ*, 1761; in-fol.

Engl. Bot. — *English Botany* (Botanique anglaise), par J. E. Smith, M. D.; les fig. dessinées par S. Sowerby. Londres, 1790; in-8°.

W. B. — *Botanical Arrangements* (Arrangemens botaniques), par le docteur Withering. Londres, 1801; 4 vol.

Huds. — *Hudsoni Flora anglica*, 1778; 2 vol.

Host. G. A. — *Nic. Thomæ Host Icones et descriptiones graminum austriacorum.* 1 vol. in-fol. — III. *Vindobonæ*, 1801.

Hort. Kew. — *Hortus Kewensis;* par J. W. Aiton. Londres, 1810; 1 vol.

DÉTAILS

DES EXPÉRIENCES FAITES SUR LES HERBES,

PAR GEORGES SAINCLAIR,

JARDINIER DU DUC DE BEDFORD, ET MEMBRE CORRESPONDANT DE LA SOCIÉTÉ
HORTICULAIRE D'ÉDIMBOURG.

I. Anthoxanthum odoratum. Bot. anglaise. 6077. Curt. Lond.
Holcus odorant, indigène en Angleterre.

A l'époque de la floraison, le produit d'une fraction d'acre, égale à
0,010091827364 d'une terre brunâtre, formée d'un mélange de glaise et de

sable fumée, est de

                                onces   ou liv. par acre.

Herbe 11 onces 8 dr. (1) Le produit
d'un acre est de . . . . 125285 0 $=$ 7827 3 0

80 dr. d'herbe pèsent, quand elle est
sèche $21\frac{1}{2}$ dr.

Le produit de l'espace ci-dessus $49.1\frac{7}{10}$ } 33656 0 $=$ 2103 8 0

Le poids perdu par le produit d'un
acre en séchant est de 5723 10 0

64 dr. d'herbe donnent de matière
nutritive   1 dr.

Le produit de l'espace ci-dessus $2.3\frac{5}{10}$ } 1656 12 $=$ 122 4 13

---

(1) Le poids est avoirdupoids; liv. signifie livre; onc., onces; dr., drachmes. Les poids qui ne sont pas désignés sont des quarts de drachmes et des fractions de quarts de drachmes : ainsi, 7.1 $\frac{1}{4}$ équivaut à 7 drachmes un quart de drachme et un quart d'un quart.

A l'époque où la graine entre en maturité, le produit est

	onces		ou liv.	par acre.
Herbe 9 onces. Le produit par acre	98010	0 $=$	6125	10	0
8 dr. d'herbe pèsent, quand elle est sèche	24 dr.				
Le produit de l'espace ci-dessus	43 $\frac{1}{12}$	29403 0 $=$	1837	11	0
Le poids perdu par le produit d'un acre, en séchant, est de.			4287	15	0
64 dr. d'herbe donnent de matières nutritives	3.1 dr.				
Le produit de l'espace ci-dessus	7.1 $\frac{1}{4}$	4977 10 $=$	311	1	1
Le poids de la matière nutritive, qui est perdue en récoltant l'herbe au moment où elle est en fleur, excédant la moitié de sa valeur			188	12	4

Le rapport des valeurs de l'herbe, aux momens où elle est en fleurs et où sa graine est en maturité, est celui de 4 à 13.

Le produit de la dernière coupe est

	onces		ou liv.	par acre.
Herbe 10 onces. Le produit par acre	108900	0 = 6806	4	0
64 dr. d'herbe donnent de matière nutritive 2.1 dr.	4828	8 = 239	4	8

Le rapport des valeurs de l'herbe coupée, lorsqu'elle est en regain et lorsqu'elle a atteint l'époque de la maturité de sa graine, est à peu de chose près celui de 9 à 15.

Le faible produit de cette herbe la rend impropre à la confection des foins; mais sa végétation hâtive et la quantité supérieure de la matière nutritive qu'elle contient à la seconde coupe, comparée à celle qu'elle donne quand elle est en fleur, l'a fait ranger parmi les meilleures graminées de pâturage lorsqu'elle rencontre des sols qui lui conviennent, tels sont les terres tourbeuses, profondes et humides.

II. *Holcus odoratus.* Host. G. A. Il croît dans les bois.

Holcus odorant, indigène en Allemagne. Flo. germ. — *H. borealis.* Il vient dans les prairies humides.

A l'époque de la floraison, le produit d'un fonds riche, composé de glaise et de sable, est de

Herbe 14 onces. Le produit par acre s'élève à

80 dr. d'herbe pèsent, lorsqu'elle est desséchée

Le produit de l'espace ci-dessus

	onces		ou liv. par acre.
	152460 0	=	9528 12 0
20.2 dr.			
57.1 ⅕	39067 14	=	2441 11 14

	onces		ou liv. par acre.	

Le poids perdu par le produit d'un acre en séchant est de. 7807 0 2

64 dr. d'herbe donnent de matière nutritive   4.1 dr.

Le produit de l'espace ci-dessus   14.5 $\frac{1}{2}$ }   10124 13 $=$ 610 15 5

A l'époque où la graine est en maturité, le produit est de

Herbe 40 onces. Le produit par acre   435600 0 $=$ 27227 0 0

64 dr. d'herbe pèsent, quand elle est sèche   28 dr.

Le produit de l'espace ci-dessus   224 dr. }   152460 0 $=$ 9528 12 0

Le poids perdu par le produit d'un acre, en séchant, est de. 17696 4 0

64 dr. d'herbe donnent de matière

nutritive   5.1 dr. ⎫   onces   ou liv. par acre.
Le produit de l'espace ci-dessus   52.2 dr.⎬ 55752 12 ⹀ 2253   4   0
Le poids de la matière nutritive per-   ⎭

due en récoltant l'herbe au moment

où elle est en fleur, s'élevant à plus

de la moitié de sa valeur, donne 1600   8 10

Le rapport de ses valeurs aux époques de la floraison et de la maturité de

sa graine, est celui de 17 à 21.

Le produit de la seconde coupe est

Herbe 25 onces. Le produit par acre

s'élève à 272250   0 ⹀ 17015 10   0

64 dr. d'herbe donnent de matière

nutritive   4.1 dr.   18079   1 ⹀ 1129 15   1

L'herbe de la dernière coupe et celle qu'on fauché au moment de la floraison, en prenant leur masse entière et les quantités relatives de matière nutritive qu'elles contiennent, sont entre elles dans le rapport de 6 à 10; l'herbe fauchée lorsque la graine est mûre, surpasse en valeur celle de la dernière coupe, comme 21 surpasse 17. Quoique cette plante soit une des graminées qui fleurissent, les plus printanières, elle est tendre et ne donne au printemps qu'un produit faible ; elle est cependant bien supérieure à la plupart des espèces dont les fleurs s'épanouissent à peu près dans le même temps, si on la compare avec elles pour la quantité de matières nutritives qu'elle contient. Elle ne porte qu'un petit nombre de tiges florales dont les dimensions sont beaucoup plus faibles que celles des feuilles. Cette circonstance explique en partie comment la dernière coupe et la première, lorsque celle-ci est faite à l'époque de la floraison, renferment des quantités égales de matière nutritive.

III. *Cynosurus cœruleus.* Bot. angl. 1613. Host. G. A. 2. t. 98.
Indigène en Angleterre. *Sesleria cœrulea.*

A l'époque de la maturité de la graine, le produit d'un sol sablonneux léger est de

	onces		ou liv. par acre.	
Herbe 10 onces. Le produit par acre 64 dr. d'herbe donnent de matière	108900	0 =	6806 4	0
nutritive 3.3 dr.	4380 13	=	398 12	13

Le produit de ce gramen est plus considérable qu'il ne paraît d'abord. Les feuilles parviennent rarement à plus de quatre ou cinq pouces de longueur, et les tiges florales ne s'élèvent pas davantage; il ne croit que lentement dès qu'il a subi une première coupe, et ne semble pas capable de supporter le froid quand il se fait sentir avec vivacité aux premiers jours du printemps; il souffre au point de ne pas fleurir à l'époque ordinaire. Sans ces inconvéniens, la quantité de matière nutritive qu'il renferme (car il donne beaucoup de paille) le placerait au rang des plantes les plus avantageuses dont on puisse composer des prairies.

IV. *Alopecurus pratensis.* Curt. Lond. Alo. myosuroïdes. Alopécure des prés. Indigène dans la Grande-Bretagne. Bot. angl. 848.

A l'époque de la floraison, le produit d'une glaise argileuse est de

	onces		ou liv. par acre.		
Herbe 30 onces. Le produit par acre	326700	0 =	20418	12	0
80 dr. d'herbe pèsent, quand elle est sèche 24 dr.					
Le produit de l'espace cidessus 336 dr.	98010	0 =	6125	10	0

Le poids perdu par le produit d'un
acre, en séchant, est de. . . . . onces 14293 2 0 ou liv. par acre.

64 dr. d'herbe donnent de matière
nutritive   1.2 dr.
Le produit de l'espace ci-dessus   11.1 dr. } 7957 0 = 478 9 0

Le produit d'une glaise sablonneuse est de

Herbe 12 onces 8 dr. Le produit par
acre   136125 0 = 8507 13 0
80 dr. d'herbe pèsent, quand elle est
sèche   24 dr.
Le produit de l'espace ci-dessus   60 dr. } 40857 9 = 2552 5 8
64 dr. d'herbe donnent de matière
nutritive   1 dr.
Le produit de l'espace ci-dessus   5.0 ½ } 2126 15 = 132 14 15

A l'époque de la maturité de la graine, le produit d'un fonds formé de glaise et d'argile est

		onces			ou liv. par acre.	
Herbe 19 onces. Le produit par acre		206910	0	= 12931	14	0
80 dr. d'herbe pèsent, quand elle est sèche	36 dr.					
Le produit de l'espace ci-dessus	136 3 $\frac{1}{3}$	93109	8	= 5819	5	2
Le poids perdu par le produit d'un acre, en séchant, est de		7111			8	14
64 dr. d'herbe donnent de matière nutritive	2.1 dr.					
Le produit de l'espace ci-dessus	9.975	7376	4	= 461	0	4

Le poids de la matière nutritive qu'on perd, en laissant la récolte sur pied jusqu'à la maturité de la graine, étant le 25ᵉ de sa valeur, est de   onces   ou liv. par acre.   0   17   8   11

Le rapport des valeurs de l'herbe, à l'époque de sa floraison et à celle de la maturité de sa graine, est le même que celui des nombres 6 et 9.

La dernière coupe, produite par le même terrain, est de

Herbe, 12 onces. Le produit par acre   130680   0 = 8167   8   0

64 dr. d'herbe donnent de matière nutritive   2 dr. }
Le produit de l'espace ci-dessus   6 dr. }   4085   12 =   255   5   12

La valeur de la dernière coupe entière est à celle qu'on récolte, au moment où la graine a atteint sa maturité, comme 5 est à 9, et à celle qu'on recueille à l'époque de la floraison comme 13 est à 24.

Ces détails prouvent clairement que le produit des sols composés de glaise et d'argile surpasse ceux des terres sablonneuses d'environ les trois quarts, et que les herbes, suivant qu'elles croissent dans les uns ou les autres, sont pour la qualité dans le rapport de 6 à 4. La paille, que les seconds produisent, est inférieure sous tous les points à celle que donnent les premiers. Cette circonstance explique pourquoi elle contient des quantités inégales de matière nutritive. La seconde coupe est à la récolte, faite au moment de la floraison, comme 4 est à 5, différence qui paraît extraordinaire quand on fait attention au nombre de tiges florales dont les graminées sont chargées à cette époque. Cette différence est encore plus considérable dans l'*anthoxanthum odoratum*, et s'élève presqu'à celle des nombres 4 et 9. Elle est nulle dans le poa des prés ; mais toutes les graminées à floraison tardive que nous avons examinées, et dont les tiges ressemblent à celles de l'*alopecurus pratensis* ou de l'*anthoxanthum odoratum*, contiennent le maximum de matière nutritive pendant qu'elles sont fleuries. Quelle que soit la cause de ce fait, il est clair qu'en récoltant les herbes dont il a d'abord été question à l'époque où elles entrent en fleurs, on éprouve une perte considérable.

V. *Alopecurus alpinus*. Bot. ang. 1126.

Alopécure des Alpes. Indigène en Écosse.

A l'époque où il est en fleurs, le produit d'une terre, composée de glaise et de sable qui a reçu quelques engrais, est

	onces		ou liv. par acre.		
Herbe 8 onces. Le produit par acre	87120	0 =	5445	5	0
6o dr. d'herbe pèsent, quand elle est sèche	16 dr.				
Le produit de l'espace ci-dessus	34 $\frac{6}{16}$	23232 0 =	1452	0	0
Le poids perdu par le produit d'un acre en séchant.			3993	5	0

64 dr. d'herbe donnent de matière   onces   ou liv. par acre.
nutritive   1 dr. }
Le produit de l'espace ci-dessus   2 dr. } 1361 4 =   85   1   4

VI. *Poa alpina.* Bot. ang. 1003. Flo. Dan. 107.
Poa des Alpes. Indigène en Écosse.

A l'époque de la floraison, le produit d'un sol léger, composé de glaise et de sable, est de

Herbe 8 onces. Le produit par acre   87120 0 = 5425 0   0
64 dr. d'herbe donnent de matière
nutritive   1.2 dr. 2041 14 = 127   9 14

VII. *Avena pubescens.* Bot. ang. Host. G. A. 2. t. 50.
Avoine pubescente. Indigène dans la Grande-Bretagne.

A l'époque de la floraison, le produit d'un riche sol sablonneux est

	onces			ou liv. par acre		
Herbe 23 onces. Le produit par acre	250470	0	=	15654	6	0
80 dr. d'herbe pèsent, quand elle est sèche 30 dr.						
Le produit de l'espace ci-dessus 138 dr.	93926	0	=	5870	6	4
Le poids perdu par le produit d'un acre en séchant				9783	15	12
64 dr. d'herbe donnent de matière nutritive 1.2 dr.						
Le produit de l'espace ci-dessus 8.2 $\frac{2}{12}$	5870	0	=	366	14	6

A l'époque où la graine est en maturité, le produit est

Herbe 10 onces. Le produit par acre	108900	0	=	6806	4	0

80 dr. d'herbe pèsent, quand elle est
sèche   16 dr.
Le produit de l'espace ci-dessus   32 dr.   } onces   ou liv. par acre.
                                                        21780 0 = 1561   4   0
Le poids perdu par le produit d'un
acre en séchant. 5445   0   0
64 dr. d'herbe donnent de matière
nutritive   2 dr.
Le produit de l'espace ci-dessus   5 dr.   } 3405 2 =   212 11   0
Le poids de la matière nutritive qui
est perdue en laissant la récolte sur
pied jusqu'à l'époque de la maturité
de la graine, dépassant la moitié de
sa valeur 154   6   3
    Le rapport des valeurs que possède l'herbe aux époques de la floraison et
de la maturité de la graine, est celui des nombres 6 et 8.

Le produit de la dernière coupe est

	onces.		ou liv. par acre.
Herbe 10 onces. Le produit par acre	108900	o =	6806 4 o
64 dr. d'herbe donnent de matière nutritive — 2 dr.	3403	2 =	212 11 o

Le rapport des valeurs de l'herbe, aux époques de la floraison et de la dernière coupe, est encore celui de 6 à 8. L'herbe de la première récolte égale celle de la seconde.

Le duvet cotonneux, qui recouvre la surface des feuilles de cette herbe quand elle végète dans des sols maigres, disparaît d'une manière complète quand on la cultive dans un fonds riche. Elle possède plusieurs bonnes qualités qui méritent d'être remarquées ; elle est vivace, printanière, et plus productive que la plupart de celles qui viennent dans les mêmes expositions. Fauchée, elle repousse assez rapidement, quoiqu'elle n'atteigne pas une grande hauteur lorsqu'on l'abandonne à elle-même. Comme le *poa des prés*, elle ne donne des tiges florales qu'une fois par an, et semble propre à former une prairie permanente dans les sols riches et légers.

VIII. *Poa pratensis*. Curt. Lond. Bot. ang. 1073.

Poa des prés. Indigène dans la Grande-Bretagne.

À l'époque de la floraison, le produit d'un mélange de terre marécageuse et d'argile est

	onces		ou liv. par acre.		
Herbe 15 onces. Le produit par acre	163350	0 =	10209	6	0
80 dr. d'herbe pèsent, quand elle est sèche 22.2 dr. }					
Le produit de l'espace ci-dessus. 67.2 dr. }	45942	3 =	2871	6	3
Le poids perdu par le produit d'un acre en séchant.			7337	15	13

64 dr. d'herbe donnent de matière
  nutritive   1.3 dr.

Le produit de l'espace ci-dessus   6.2 $\frac{1}{16}$

	onces		ou liv. par acre.	
4466	9	=	279	2	9

Lorsque la graine est en maturité, le produit est

Herbe 12.8 onces. Le produit par acre   136125 0 = 8507 13 0

80 dr. d'herbe pèsent, quand elle est
  est sèche   32 dr.

Le produit de l'espace ci-dessus. 80 dr.

5445 0 = 3403 2 0

Le poids perdu par le séchage dans
  le produit d'un acre 5104 11 0

64 dr. d'herbe donnent de matière
  nutritive   1.2 dr.

Le produit de l'espace ci-dessus   4.2 $\frac{1}{16}$

3190 6 = 199 6 0

Le poids de matière nutritive qui se

perd lorsqu'on laisse la récolte sur
pied jusqu'à la maturité de la graine,
s'élevant à plus du quart de sa valeur.. . . . . 79　12　9

Le produit de la dernière coupe est

Herbe 6 onces. Le produit par acre　　　　　65340　0　=　4083　12　0
64 dr. d'herbe donnent de matière
nutritive　　　　　　　　　1.3 dr.　　　　1786　10　=　　111　10　0

Les valeurs de l'herbe de la seconde coupe et celle de la coupe faite pendant la floraison, sont entre elles comme 6 est à 7. Le regain et la récolte faite
au moment où la graine est en maturité sont équivalens.

Ainsi, le moment où cette herbe a le moins de prix est celui où la graine
est mûre. Elle perd plus d'un quart de sa valeur quand elle reste sur pied
jusqu'à cette époque. Les tiges sèchent, et les racines des feuilles deviennent

languissantes ; celles du regain au contraire sont pleines de force. La graminée qui nous occupe ne donne de tiges florales qu'une fois l'année, et ces
parties sont celles qui valent le mieux pour la confection des foins. D'après
cette circonstance, et la valeur de la seconde coupe comparée à celle de la
récolte faite au temps où la graine entre en maturité, elle peut être considérée comme très-propre à la formation des prairies permanentes.

IX. *Poa cœrulea*. — Var. *Poa pratensis*. Bot. ang. 1004 *Poa subsœrulea*.
Poa bleuâtre. Indigène dans la Grande-Bretagne. H. Kew. 1.—155. *Poa humilis*.

A l'époque de la floraison, le produit d'un sol de la nature du précédent est

	onces		ou liv. par acre.
Herbe 11 onces. Le produit par acre	119790 0	=	7486 14 0
64 dr. d'herbe donnent de matière nutritive 2 dr.			
Le produit de l'espace ci-dessus 5.2 dr.	3743 7	=	233 15 0

80 dr. d'herbe pèsent, quand elle est

sèche   24 dr.

Le produit de l'espace ci-dessus   52.5 $\frac{1}{16}$

onces   ou liv. par acre.

35957   o $=$ 2246   1   o

Le poids perdu dans le séchage du produit d'un acre 5240   13   o

Le produit de cette variété est plus faible que celui d'aucune des graminées dont il a été question jusqu'ici ; elle ne paraît jouir d'aucune qualité supérieure. L'excès de puissance nutritive ne compense pas le déficit du produit de 80 livres de matière nutritive par acre.

X. *Festuca hordiformis. Poa hordiformis.* H. Cant.

Poa hordiforme. Indigène en Hongrie.

A l'époque de la floraison, le produit d'un sol sablonneux fumé est

Herbe 20 onces. Le produit par acre.   217800   o $=$ 13612   8   o

80 dr. d'herbe pèsent, quand elle est

		onces		on liv.	par acre.
sèche	24 dr. }				
Le produit de l'espace ci-dessus	96 dr. }	65340	o =	4083	12 o
Le poids perdu dans le séchage par le					
produit d'un acre. . . . . }				9528	12 o
64 dr. d'herbe donnent de matière					
nutritive	2.1 dr. }				
Le produit de l'espace ci-dessus	11.1 dr. }	7657	o =	478	9 o

C'est en quelque sorte une plante printanière, plus tardive cependant qu'aucune des espèces qui précèdent. Son feuillage est très-fin, ressemble à celui de la *F. duruiscula* avec laquelle elle paraît avoir quelque analogie, et dont il ne diffère que par la longueur de quelques-unes de ses parties et sa couleur verdâtre. Les produits considérables qu'elle donne, la puissance nutritive dont elle paraît jouir, et sa croissance hâtive, sont des qualités qui méritent qu'on fasse de nouveaux essais.

XI. *Poa trivialis.* Curt. Lond. Bot. angl. 1072. Host. G. A. 2. t. 62.

Poa commun. Indigène en Angleterre.

A l'époque de la floraison, le produit d'une glaise brunâtre, légère fumée, est

		onces		ou liv.	par acre.
Herbe 11 onces. Le produit par acre		119790	0 =	7486 14	0
80 dr. d'herbe pèsent, quand elle est sèche	24 dr.				
Le produit de l'espace ci-dessus	54 $\frac{1}{16}$	55937	0 =	2246 1	0
Le poids perdu par le produit d'un acre en séchant				5240 13	0
64 dr. d'herbe donnent de matière nutritive	2 dr.				
Le produit de l'espace ci-dessus	5.2 dr.	5745	7 =	233 15	7

A l'époque où la graine est mûre, le produit est

Herbe 11.8 onces. Le produit par acre	125235	0 =	7827 3	0

80 dr. d'herbe pèsent, quand elle est
sèche . . . . 36 dr. ⎫
Le produit de l'espace ci-dessus. 82.3 $\frac{3}{16}$ ⎬ 56555 12 = 3522 3 12
Le poids perdu dans le séchage du ⎭
produit d'un acre 4304 15 4
64 dr. d'herbe donnent de matière
nutritive . . . . 2.3 dr. ⎫
Le produit de l'espace ci-dessus 7.3 $\frac{1}{3}$ ⎬ 5381 3 = 336 5 5
Le poids de matière nutritive perdue ⎭
en faisant la récolte au momeut de
la floraison, excédant un quart de
la valeur. 102 5 12

Les récoltes, faites à l'époque de la maturité de la graine et de la floraison,
sont entre elles comme 8 est à 11.

Le produit du regain est

	onces			ou liv.	par acre.
Herbe 7 onces. Le produit par acre	76250	0 =	4764	6	0
64 dr. d'herbe donnent de matière nutritive　　　　3 dr.	35753	4 =	225	5	4

Le regain et la coupe, faite à l'époque de la floraison, sont entre eux comme 8 à 12. Le regain et la récolte, faite lorsque les graines sont mûres, sont comme 11 à 12.

Il y a évidemment de l'avantage à ne faucher qu'au moment où la graine est mûre. En récoltant cette plante, tant qu'elle est en fleurs, on éprouve des pertes considérables; elle donne beaucoup moins de foin. Son grand produit, la puissance nutritive qu'elle possède à un degré éminent, et la saison où elle parvient en maturité, sont autant de circonstances qui en font une des graminées les plus précieuses parmi celles qui prospèrent dans les bons sols humides et les situations ombrées. Mais elle réussit mal dans les lieux secs ; elle y languit et meurt souvent dans l'intervalle de quatre à cinq jours.

XII. *Festuca glauca.* Curtis.

Festuque glauque. Indigène dans la Grande-Bretagne.

A l'époque de la maturité de la graine, le produit d'une glaise brune est

	onces		ou liv. par acre.		
Herbe 14 onces. Le produit par acre	152460	0 =	9528	12	0
80 dr. d'herbe pèsent, quand elle est sèche 32 dr.					
Le produit de l'espace ci-dessus 89.2 $\frac{1}{16}$ $\frac{2}{32}$	60984	0 =	3811	8	0
Le poids perdu dans le séchage par le produit d'un acre.			5717	4	0
64 dr. d'herbe donnent de matière nutritive 1.2 dr.					
Le produit de l'espace ci-dessus 5.1 dr.	2575	4 =	223	4	4

A l'époque de la floraison , le produit est

	onces		ou liv.	par acre.
Herbe 14 onces. Le produit par acre	152460	0 =	9528	12	0

80 dr. d'herbe pèsent , quand elle est

sèche   32 dr.

Le produit de l'espace ci-dessus   89.2 $\frac{1}{5}$ 60984   0 =   4811   8   0

Le poids perdu dans le séchage par

le produit d'un acre 5717   4   0

64 dr. d'herbe donnent de matière

nutritive   3 dr.

Le produit de l'espace ci-dessus   10.2 dr.   7146   9 =   446   10   9

Le poids de la matière nutritive per-

due en laissant la récolte sur pied

jusqu'à la maturité de la graine ,

étant la moitié de la valeur de la

récolte. 223   5   5

Les valeurs de l'herbe, prise au temps de la floraison et de la maturité de la graine, sont entre elles comme les nombres 6 et 12.

Les différences de valeur de cette plante, aux époques de la floraison et de la maturité de la graine, sont précisément l'inverse des espèces qui précèdent, et sont une nouvelle preuve de l'importance des pailles dans les herbes destinées à former du foin. Elles sont très-succulentes lorsque la plante est en fleur; mais depuis cette époque jusqu'à celle où la graine atteint sa maturité, elles se dessèchent et durcissent. Les racines des feuilles ne croissent et ne se multiplient plus. Toutes les parties cessent de prendre de l'augmentation à l'exception des racines et des vaisseaux des semences. Les tiges du *poa trivialis*, au contraire, sont faibles et tendres pendant que cette plante est fleurie; à mesure qu'elles approchent de la saison où les graines sont mûres, elles deviennent fermes et succulentes; cependant, cette époque passée, elles se dessèchent promptement, et ne paraissent bientôt plus que des substances privées de vie.

XIII. *Festuca glabra*. Wither. B. 2. p. 154.

Festuque glabre. Indigène en Ecosse.

A l'époque de la floraison, le produit d'une glaise argileuse fumée est

		onces		ou liv.	par acre.
Herbe 21 onces. Le produit par acre		228690	0 = 14293	0	0
80 dr. d'herbe pèsent, quand elle est sèche $\quad$ 32 dr.					
Le produit de l'espace ci-dessus $\quad$ 134.1 $\frac{8}{16}\frac{2}{5}$		91476	0 = 5717	4	0
Le poids perdu dans le séchage du produit d'un acre			8576	14	0
64 dr. d'herbe donnent de matière nutritive $\quad$ 2 dr.					
Le produit de l'espace ci-dessus $\quad$ 10.2 dr.		7146	0 = 446	10	0

A l'époque de la maturité de la graine, le produit est

Herbe 14 onces. Le produit par acre	152460	0 = 9528	12	0

		onces		ou liv. par acre.

80 dr. d'herbe pèsent, quand elle est
sèche   32 dr.
Le produit de l'espace ci-dessus $89.2\frac{5}{7}$ } 60984 0 = 3811 8 0

Le poids perdu par le séchage du
produit d'un acre 5717 4 0

64 dr. d'herbe donnent de matière
nutritive   1.1 dr.
Le produit de l'espace ci-dessus $4.1\frac{2}{16}$ } 2977 0 = 186 1 0

Le poids de la matière nutritive perdue en laissant la récolte sur pied
jusqu'à la maturité de la graine,
excédant la moitié de sa valeur 260 9 0

Les valeurs de l'herbe, au temps de la maturité de la graine et de la floraison, sont entre elles comme les nombres 5 et 8.

Le produit du regain est

Herbe 9 onces. Le produit par acre.
64 dr. d'herbe donnent de matière
  nutritive
Le produit de l'espace ci-dessus

	onces		ou liv.	par acre.
Herbe 9 onces. Le produit par acre.	98010	0 =	6125	10 0
Le produit de l'espace ci-dessus { 2 dr. / 1.0 ½	765	11 =	47	13 0

Les valeurs de l'herbe de la seconde coupe et de l'herbe récoltée pendant la floraison, sont entre elles comme les nombres 2 et 5.

Cette plante, au premier coup-d'œil, ressemble presque à la *festuca duriuscula*; elle en diffère cependant d'une manière totale, et vaut moins sous beaucoup de rapports, comme il est facile de s'en assurer en comparant leurs divers produits les uns avec les autres. Mise en parallèle avec plusieurs autres graminées, cultivées en grand aujourd'hui, elle l'emporte de beaucoup, pourvu qu'elle soit dans un sol qui lui convienne. En prenant par exemple *l'antho-*

xanthum odoratum, il paraît que la *festuca glabra* donne de matière nutritive

Récolte faite au temps de la floraison 446 ⎫ onces ou liv. par acre.
Idem au temps de la maturité de la   ⎬ o   632
graine   186 ⎭

Anthoxanthum odorantum.

A l'époque de la floraison   122 ⎫
Idem de la maturité de la graine   311 ⎭   435

Le poids de matière nutritive donnée
par le produit d'un acre de la *fes-*
tuca glabra, étant à celui de *l'an-*
thoxanthum odoratum à peu près
dans la proportion de 6 à 9 199

XIV. *Festuca rubra*. Wither. B. 2. P. 153.
Festuque rouge. Indigène en Angleterre.

A l'époque de la floraison, le produit d'un sol sablonneux, léger, est

		onces			ou liv.	par acre.
Herbe 15 onces. Le produit par acre		163350	0	=	10209	6	0
8o dr. d'herbe pèsent, quand elle est sèche	34 dr.						
Le produit de l'espace ci-dessus	102 dr.	56923	12	=	3557	11	0
Le poids perdu dans le séchage du produit d'un acre					6651	11	0
64 dr. d'herbe donnent de matière nutritive	1.2 dr.						
Le produit de l'espace ci-dessus	$22\frac{2}{16}$	3828	8	=	239	4	8

A l'époque de la maturité de la graine, le produit est

Herbe 16 onces. Le produit par acre		174240	0	=	10890	0	0
8o dr. d'herbe pèsent, quand elle est sèche 36 dr.							
Le produit de l'espace ci-dessus.	$115\frac{1}{16}$	78408	0	=	4900	8	0

Le poids perdu dans le séchage du
produit d'un acre. . . . . 5989 8 o

64 dr. d'herbe donnent de matière
nutritive   2 dr.
Le produit de l'espace ci-dessus   8 dr. } 5445 o = 340 5 o

Le poids de matière nutritive qui est
perdu en récoltant l'herbe pendant
qu'elle est en fleur, étant à peu près
le tiers de sa valeur . . . . 101 o 8

Les valeurs de cette plante, récoltée à l'époque de la floraison et à celle de la maturité de la graine, sont entre elles comme les nombres 6 et 8.

Cette espèce est inférieure à tous égards à la précédente : ses feuilles ont rarement plus de trois à quatre pouces de long ; elle se plaît dans les sols analogues à ceux où croît la *festuca ovina*, à laquelle on pourrait la substituer avec avantage, ainsi que le démontre la comparaison de leurs produits.

Le produit de la seconde coupe est

Herbe 5 onces. Le produit par acre

64 dr. d'herbe donnent de matière

nutritive

	onces		ou liv. par acre.
Herbe 5 onces. Le produit par acre	54450 0	=	3403 2 0
64 dr. d'herbe donnent de matière nutritive 1.2 dr.	1276 2	=	79 12 0

Les valeurs de cette herbe, cueillie à la dernière récolte ou quand ses graines sont mûres, sont entre elles comme les nombres 6 et 8; la dernière et la première coupes sont égales.

XV. *Festuca ovina*. Botan. angl. 585. Wither. B. 2. P. 152.

Festuque des moutons. Indigène en Angleterre.

A l'époque de la maturité de la graine, le produit est

Herbe 8 onces. Le produit par acre	87120 0	=	5445 0 0
64 dr. d'herbe donnent de matière nutritive 1.2 dr. Le produit de l'espace ci-dessus 5 dr.	2031 14	=	127 9 0

Le produit de la dernière coupe est

	onces		ou liv.	par acre.
Herbe 5 onces. Le produit par acre	54450	0 =	3403	2 0
64 dr. d'herbe donnent de matière				
nutritive 1.1. dr.	1063	7 =	66	7 7

Le poids de cette espèce sèche n'a pas été déterminé, parce que la faiblesse du produit la rend tout-à-fait impropre à la confection du foin. Si on compare sa puissance nutritive avec celle des graminées qui précèdent, l'infériorité sera établie ainsi qu'il suit :

La *festuca ovina* (comme ci-dessus)
   donne de matière nutritive   1.2 dr. ⎫
Idem donne *idem*   1.1   ⎬   2.3
Festuca rubra idem, donne *idem*   2   dr. ⎫
Idem   *idem*   *idem*   1.2   ⎬   3.2

Ainsi la force relative de nutrition que possède l'herbe de la *festuca rubra* est à celle de la *festuca ovina* dans le rapport des nombres 11 et 14.

D'après l'expérience dont je viens de donner les détails, elle ne paraît pas jouir de la faculté de nutrition qu'on lui attribue généralement. Son feuillage est fin, et par cette raison elle peut être plus convenable aux moutons que les graminées plus fortes, qui sont cependant douées de puissance nutritive plus considérable. Il résulte delà que dans les lieux où elle croît naturellement, et sert de pâturage aux moutons, elle peut n'être inférieure qu'à un petit nombre d'autres. Elle se distingue par divers caractères de la *festuca rubra*.

XVI. *Briza media*. Bot. angl. 340. Host. G. A. 2. t. 29.

Briza des prés. Indigène dans la Grande-Bretagne.

A l'époque de la floraison, le produit d'une riche glaise brunâtre est

	onces		ou liv. par acre.		
Herbe 14 onces. Le produit par acre	152460	0	= 9528	12	0

8o dr. d'herbe pèsent, quand elle est

sèche .... 26 dr.

Le produit de l'espace ci-dessus 72.5 $\frac{1}{16}$

onces   ou liv. par acre.
49549   8 =   5096   13   8

Le poids perdu dans le séchage par le

produit d'un acre. 6431   14   8

64 dr. d'herbe donnent de matière

nutritive .... 2.5 dr.

Le produit de l'espace ci-dessus 9.2 $\frac{8}{16}$

6551   0 =   400   7   0

A l'époque de la maturité de la graine, le produit est

Herbe 14 onces. Le produit par acre 152460   0 =   9528   12   0

8o dr. d'herbe pèsent, quand elle est

sèche .... 28 dr.

Le produit de l'espace ci-dessus 78.1 $\frac{3}{5}$

53362   0 =   3335   1   0

Le poids perdu dans le séchage par

le produit d'un acre. 6183   11   0

64 dr. d'herbe donnent de matière
nutritive   3.1 dr.
Le produit de l'espace ci-dessus   11.1 ¼   } 7742 1 = 483 14 1
Le poids de matière nutritive perdue
en faisant la récolte à l'époque de
la floraison, étant, à peu de chose
près, le quart de sa valeur. 109 1 0

Les valeurs de l'herbe, récoltée à l'époque de la floraison et à celle de la maturité de la graine, sont entre elles comme les nombres 11 et 15.

Le produit de la dernière coupe est
Herbe 12 onces. Le produit par acre   130680 0 = 8167 8 0
64 dr. d'herbe donnent de matière
nutritive   2 dr.   4083 12 = 255 3 12

Les valeurs que possède l'herbe, à l'époque de la floraison et à celle de la dernière coupe, sont entre elles comme les nombres 8 et 11. La dernière coupe et celle qui se fait lorsque la graine est mûre, sont entre elles comme 8 et 13.

Cette plante mérite d'être cultivée ; elle a une puissance de nutrition considérable, et un produit assez fort si on le compare à celui des autres herbes qui croissent dans des sols semblables.

XVII. *Dactylis glomerata*. Bot. angl. 335. Fl. Dan. 743.

Dactylis agglomérée. Indigène en Angleterre.

A l'époque de la floraison, le produit d'une riche glaise sablonneuse est

Herbe 41 onces. Le produit par acre   446490   0 $=$ 27905 10   0

80 dr. d'herbe pèsent, quand elle est

    sèche   54 dr.

Le produit de l'espace ci-dessus   278 $\frac{4}{7}$ 189758   4 $=$ 11859 14   4

Le poids perdu dans le séchage du produit d'un acre 16045 11 12

64 dr. d'herbe donnent de matière

nutritive   2.2 dr. } 17424 0 = 1089 0 0
Le produit de l'espace ci-dessus   25.2 ½ }

   A l'époque de la maturité de la graine , le produit est

Herbe 39 onces. Le produit par acre   424710 0 = 26544 6 0
64 dr. d'herbe pèsent , quand elle est
   sèche   40 dr. }
Le produit de l'espace ci-dessus   312 dr. } 212355 0 = 13272 3 0

Le poids perdu dans le séchage du pro-
   duit d'un acre 13272 3 0

64 dr. d'herbe donnent de matière
   nutritive   3.2 dr. }
Le produit de l'espace ci-dessus   34.0 ½ } 23226 5 = 1451 10 5

L'accroissement de poids que prend
   la matière nutritive lorsqu'on laisse
   la récolte sur pied jusqu'à la matu-

rité de la graine, étant plus du tiers   onces   ou liv. par acre.
de sa valeur. 0   562 10 5

Les valeurs que possède l'herbe coupée, aux époques de la floraison et de la maturité de la graine, sont entre elles à peu près comme les nombres 5 et 7.

Le produit de la dernière coupe est

Herbe 17 onces 8 dr. Le produit par acre   190575 0 = 11910 15 0
64 dr. d'herbe donnent de matière

nutritive   1.2 dr.   4466 9 = 281 10 9

Les valeurs de l'herbe à la dernière coupe, à la récolte faite à l'époque de la floraison et à celle de la maturité de la graine, sont entre elles comme les nombres 6, 10 et 14. 64 dr. de tiges fleuries donnent 1. 2 dr. de matière nutritive. Les feuilles de la dernière récolte et les tiges ont une égale valeur proportionnelle. A raison de cette circonstance, la graminée dont il s'agit vaut mieux pour les pâturages que pour la confection des foins. D'après les détails dans lesquels nous venons d'entrer , on éprouve une perte qui s'élève à près d'un tiers de la valeur de la récolte quand on la laisse sur pied , jusqu'à ce que les graines soient mûres, quoique la valeur proportionnelle de l'herbe soit plus grande à cette époque dans le rapport de 5 à 7. Le produit n'augmente pas lorsqu'on laisse l'herbe sur pied après la floraison ; il décroît au contraire d'une manière uniforme , et la perte de la dernière coupe (d'après la croissance rapide du feuillage lorsque l'herbe est cueillie) est très-considérable. Ces circonstances démontrent la nécessité de faucher cette herbe ou de la faire manger fréquemment par le bétail , si on veut en retirer tout le parti dont elle est susceptible.

XVIII. *Bromus tectorum.* Host. G. A. 1. t. 15.

Brome des toits. Indigène en Europe. Introduite en 1776. H. K. I. 168.

A l'époque de la floraison, le produit d'un sol sablonneux léger est

Herbe 11 onces. Le produit par acre   119790 0 $=$ 7486 14 0

80 dr. d'herbe pèsent, quand elle est
sèche   42 dr.

Le produit de l'espace ci-dessus   92.1 ½

onces   ou liv. par acre.
62889 12 = 3930   9 12

Le poids perdu dans le séchage du pro-
duit d'un acre 3556   4   4

64 dr. d'herbe donnent de matière
nutritive   3 dr.

Le produit de l'espace ci-dessus   8.1 dr.

5615   2 =   350 15   2

Cette espèce étant rigoureusement annuelle ne donne pas de regain, ce qui
fait que sa valeur comparative est très-faible.

XIX. *Festuca Cambrica.* Hudson. W. B. 2. P. 155.

Festuque de Cambridge. Indigène en Angleterre.

A l'époque de la floraison, le produit d'un sol sablonneux, léger, est

Herbe 10 onces. Le produit par acre   108900   0 =   680   4   0

12*

80 dr. d'herbe pèsent, quand elle est
  sèche   3/4 dr.

Le produit de l'espace ci-dessus   68 dr.

onces   ou liv. par acre.

46282   8 = 2892   10   8

Le poids perdu dans le séchage du pro-
  duit d'un acre.................................... 3915   9   8

64 dr. d'herbe donnent de matière
  nutritive   2.1 dr.

Le produit de l'espace ci-dessus   5.2 $\frac{1}{2}$

5822   8 = 239   4   8

Cette espèce se confond pour ainsi dire avec la *festuca ovina* dont il diffère peu, si ce n'est qu'elle est plus grande à tous égards. Le produit et la matière nutritive qu'elle donne seront trouvés supérieurs à ceux de la *festuca ovina*, si on les compare.

XX. *Bromus diandrus*. Curt. Lond. Bot. angl. 1006.

Brome à deux étamines. Indigène en Angleterre.

À l'époque de la maturité de sa graine, le produit d'une riche glaise brunâtre est

Herbe 3o onces. Le produit par acre   326700   0 = 20418 12 0

8o dr. d'herbe pèsent, quand elle est
    sèche   34 dr.
Le produit de l'espace ci-dessus   204 dr.   138847   8 = 8677 15 0

Le poids perdu dans le séchage du pro-
    duit d'un acre 11740 13 0

64 dr. d'herbe donnent de matière
    nutritive   3 dr.
Le produit de l'espace ci-dessus   22.2 dr.   15314   1 = 957 2 1

Cette plante est, ainsi que la précédente, rigoureusement annuelle : le produit ci-dessus n'est que celui d'un an. Si on le compare avec celui des plantes
pérennes, on trouvera qu'il est bien inférieur, et que cette graminée doit être
exclue de la culture.

XXI. *Poa angustifolia*. With. 2. P. 142.

Poa à feuilles étroites. Indigène dans la Grande-Bretagne.

A l'époque de la floraison, le produit d'une glaise brunâtre est

	onces		ou liv.	par acre.
Herbe 27 onces. Le produit par acre	294030	0 =	18376	14	0

8o dr. d'herbe pèsent, quand elle est
   sèche   34 dr.
Le produit de l'espace ci-dessus   183.2 $\frac{2}{5}$ }   124962   12 =   7810   2   12

Le poids perdu dans le séchage du
   produit d'un acre. 10566   11   4

64 dr. d'herbe donnent de matière
   nutritive   5 dr.
Le produit de l'espace ci-dessus   33.3 dr.   }   22886   11 =   1430   6   11

    A l'époque de la maturité de la graine, le produit est

Herbe 14 onces. Le produit par acre   152460   0 =   9528   12   0

8o dr. d'herbe pèsent, quand elle est
   sèche   32 dr.
Le produit de l'espace ci-dessus   89.2 $\frac{2}{5}$ }   60984   0 =   3811   8   0

Le poids perdu dans le séchage du pro-
duit d'un acre . . . . o   onces   ou liv. par acre. 5717 4 0

64 dr. d'herbe donnent de matière
nutritive   5.1 dr.

Le produit de l'espace ci-dessus   18.1 $\frac{1}{2}$ }   12506 7 = 701 6 7

Le poids de la matière nutritive perdue en laissant la récolte sur pied
jusqu'à la maturité de la graine, ex-
cédant le tiers de sa valeur. 649 0 4

La croissance printanière des feuilles de cette espèce de *poa*, est une preuve manifeste que la floraison hâtive des plantes n'est pas toujours en rapport avec le produit printanier des feuilles le plus abondant.

A cet égard, les diverses espèces que nous avons examinées jusqu'à présent, sont bien inférieures à celle dont il s'agit. Avant le milieu d'avril, les feuilles atteignent une longueur de plus de douze pouces; elles sont, à cette époque, douces et succulentes. Au mois de mai, lorsque les tiges florales se montrent, toutes les parties de la plante sont sujettes à une maladie appelée rouille, qui se manifeste par la faiblesse du produit de la récolte faite au moment de la maturité de la graine ; il est alors moitié moins fort qu'à l'époque de la floraison. Quoique la maladie attaque d'abord la paille, les feuilles s'en ressentent vivement, et sont complètement desséchées quand la graine atteint la maturité. C'est pourquoi les tiges constituent la principale partie de la récolte, et contiennent proportionnellement plus de matière nutritive que les feuilles. Cette plante est surtout propre aux pâturages. Son développement rapide et printanier, la maladie qui s'attache à ses tiges, indiquent que la nature la destine à cet usage. Les plantes qui se rapprochent le plus de celle-ci, sous le rapport d'un développement hâtif des feuilles, sont le *poa fertilis*, *dactylis glomerata*, *phleum pratense*, *alopecurus pratensis*, *avena elatior et bromus littoreus.*

XXII. *Avena elatior.* Curtis. Bot. angl. 813. *Holcus avenaceus.*

Fromental. Indigène en Angleterre.

A l'époque de la maturité de la graine, le produit est

onces — ou liv. par acre.

Herbe 24 onces. Le produit par acre   261360   0 = 16335   0   0

80 dr. d'herbe pèsent, quand elle est

sèche   36 dr. }

Le produit de l'espace ci-dessus.   134.1 $\frac{1}{3}$ }   91475   14 =   5717   3   14

Le poids perdu dans le séchage du

produit d'un acre 10617   12   2

64 dr. d'herbe donnent de matière

nutritive   1 dr. }

Le produit de l'espace ci-dessus   6 dr. }   4083   12 =   255   3   12

Le produit de la dernière récolte est

Herbe 20 onces. Le produit par acre   217800   0 = 13612   8   0

64 dr. d'herbe donnent de matière

nutritive   1.1 dr.   4253   14 =   265   13   14

Le poids de la matière nutritive qui
est fournie par la dernière coupe,
étant, à celui de la même matière
qui est contenue dans la récolte
faite lorsque la graine est mûre,
dans la proportion à peu près de

onces | ou liv. par acre.

26 à 25 0   10   9   2

Cette plante pousse des tiges florales pendant toute la saison. La dernière coupe en contient presque autant que celle qui est faite pendant la floraison. Elle est sujette à la rouille ; mais elle ne l'éprouve jamais que lorsqu'elle n'est plus en fleurs. Toutes les parties de la plante sont affectées ; elles blanchissent et sèchent lorsque la graine est en maturité. Cela prouve la supériorité de valeur de la dernière coupe sur la première, et fait voir qu'il convient de faucher cette herbe quand elle est en fleurs.

XXIII. *Poa elatior.* Curtis. 5o.

Indigène en Écosse.

A l'époque de la floraison, le produit d'une glaise argileuse riche est

	onces.	ou liv. par acre.
Herbe 18 onces. Le produit par acre	196020 0 =	12251 4 0
80 dr. d'herbe pèsent, quand elle est sèche 28 dr. } Le produit de l'espace ci-dessus 100.3 $\frac{4}{10}$ }	60607 0 =	4287 15 0
64 dr. d'herbe donnent de matière nutritive 5.2 dr. } Le produit de l'espace ci-dessus 15.5 dr. }	10719 13 =	669 15 13
Le poids perdu dans le séchage par le produit d'un acre		3617 15 3

Les caractères botaniques de cette espèce sont presque les mêmes que ceux de l'*avena elatior*; ces deux plantes ne diffèrent que par les arètes, dont la première manque. C'est un des caractères distinctifs des *holcu*, et depuis que l'*avena elatior* est rapportée à ce genre , elle peut en être considérée comme une variété.

XXIV. *Festuca duriuscula.* Bot. ang. 470. W. B. 2. P. 153.

Festuque à feuilles dures. Indigène en Angleterre.

A l'époque de la floraison , le produit d'une glaise sablonneuse légère est

	onces		ou liv.	par acre.
Herbe 27 onces. Le produit par acre	294030	0 = 18376	14	0
60 dr. d'herbe pèsent, quand elle est sèche 56 dr.				
Le produit de l'espace ci-dessus 194.1 $\frac{1}{5}$	132313	8 = 8269	9	0
Le poids perdu dans le séchage du produit d'un acre.		10106	4	8
64 dr. d'herbe donnent de matière nutritive 5.2 dr.				
Le produit de l'espace ci-dessus 23.2 $\frac{1}{2}$	16079	12 = 1004	15	12

A l'époque de la maturité de la graine, le produit est

		onces		ou liv. par acre.	
Herbe 28 onces. Le produit par acre		304920	0 = 19075	8	0
80 dr. d'herbe pèsent, quand elle est sèche	56 dr.				
Le produit de l'espace ci-dessus	201.2 $\frac{2}{5}$	137214	0 = 8575	14	0
Le poids perdu dans le séchage du produit d'un acre.		10481	10		0
64 dr. d'herbe donnent de matière nutritive	1.2 dr.				
Le produit de l'espace ci-dessus	10.2 dr.	7146	9 = 446	10	9
Le poids de la matière nutritive qui se perd lorsqu'on laisse la récolte sur pied jusqu'à la maturité de la graine, excédant la moitié de sa valeur		558	5		3

Les valeurs de l'herbe, récoltée à l'époque de la maturité de la graine et de la floraison, sont entre elles comme 6 est à 14, à peu de chose près.

Le produit de la dernière récolte est

	onces		ou liv. par acre.		
Herbe 15 onces. Le produit par acre 64 dr. d'herbe donnent de matière nutritive	163350	0 =	10209	6	0
	3190	4 =	199	6	4

nutritive   1.1 dr.

Les valeurs de la dernière récolte, et de celles qui sont faites pendant la floraison et à l'époque de la maturité de la graine, sont entre elles comme 5, 14 et 6.

Ces détails confirment l'opinion avantageuse qui a été émise sur cette herbe en parlant de la *festuca hordiformis* et de la *festuca glabra*. Le produit, considérable à l'époque de la floraison, l'est très-peu au printemps; mais la qualité en est excellente. Si on la compare avec les plantes qui croissent dans des sols semblables à ceux où elle végète, telles que le *poa pratensis*, la *festuca* ovina, etc., considérées comme herbe à fourrage ou à pâturage, on reconnaîtra qu'elle est bien au‑dessus.

XXV. *Bromus erectus*. Bot. angl. 471. Host. G. A.

Brome à tiges droites. Indigène en Angleterre.

A l'époque de la floraison, le produit d'un riche sol sablonneux est

	onces		ou liv.	par acre.
Herbe 19 onces. Le produit par acre	206910	0 =	12951	14	0
80 dr. d'herbe pèsent, quand elle est sèche 36 dr.					
Le produit de l'espace ci-dessus. 136.3 $\frac{1}{3}$	93109	8 =	5819	5	8
Le poids perdu dans le séchage du produit d'un acre.			7112	8	8
64 dr. d'herbe donnent de matière nutritive 2.3 dr.					
Le produit de l'espace ci-dessus 13.0 $\frac{1}{4}$	8890	10 =	555	10	10

XXVI *Milium effusum.* Curt. Lond. Bot. angl. 1106.
Mil étalé. Indigène en Angleterre.

A l'époque de la floraison, le produit d'un sol sablonneux, léger, est

	onces		en liv. par acre.		
Herbe 11 onces 8 dr. Le produit par acre	196020	0 =	12251	4	0
80 dr. d'herbe pèsent, quand elle est sèche 31 dr.					
Le produit de l'espace ci-dessus 111.2 $\frac{2}{6}$	75957	12 =	4747	5	12
64 dr. d'herbe donnent de matière nutritive 1.3 dr.					
Le produit de l'espace ci-dessus 7.3 $\frac{2}{3}$	5359	14 =	334	15	14

Cette espèce dans son état naturel semble particulière aux bois ; mais l'essai dont nous venons de rendre compte, confirme l'opinion où l'on était qu'elle peut venir dans les lieux ouverts. Elle produit du feuillage en abondance dès les premiers jours du printemps; mais sa puissance nutritive, comparée à celle de diverses autres plantes, est peu considérable.

XXVII. *Festuca pratensis.* Bot. angl. 1592. C. Lond.

Festuque des prés. Indigène en Angleterre.

A l'époque de la floraison, le produit d'un sol tourbeux, amendé avec des cendres de charbon de terre, est

	onces		ou liv. par acre.		
Herbe, 20 onces. Le produit par acre	217800	0 =	13612	8	0
80 dr. d'herbe pèsent, quand elle est sèche 38 dr.					
Le produit de l'espace ci-dessus. 152 dr.	103455	8 =	6465	15	0
Le poids perdu dans le séchage du produit d'un acre			7146	9	0

64 dr. d'herbe donnent de matière

		onces			ou liv. par acre.		
nutritive	4.2 dr.						
Le produit de l'espace ci-dessus	22.2 dr.	15314	1	=	957	2	1

A l'époque de la maturité de la graine , le produit est

Herbe 28 onces. Le produit par acre		304920	0	=	19057	8	0

80 dr. d'herbe pèsent , quand elle est

sèche	32 dr.						
Le produit de l'espace ci-dessus	179.0 $\frac{4}{7}$	121968	0	=	7623	0	0

Le poids perdu dans le séchage du produit d'un acre.					11434	8	0

64 dr. d'herbe donnent de matière

nutritive	1.2 dr.						
Le produit de l'espace ci-dessus	10.2 dr.	7146	9	=	446	10	9

Le poids de la matière nutritive perdue en laissant la récolte sur pied
jusqu'à la maturité de la graine ,

excédant la moitié de sa valeur					510	7	8

Les valeurs de cette herbe, aux époques de la maturité de la graine et de la floraison, sont entre elles comme 6 est à 18.

On fait de très-grandes pertes lorsqu'on laisse la récolte sur pied jusqu'à la maturité de la graine. Il se fait plus de déchet dans le séchage à cette époque de la croissance ; ce qui s'accorde très-bien avec la moindre quantité de matière nutritive que contient la plante lorsque les graines sont mûres, proportionnellement à ce qu'elle en contient lorsqu'elle fleurit. Les pailles, succulentes dans le premier cas, forment la plus grande partie du poids, tandis que dans le second, où elles sont blanchies et desséchées, ce sont les feuilles qui le constituent presqu'à elles seules. On peut remarquer ici qu'il y a une grande différence entre les tiges et les feuilles desséchées après avoir été coupées dans un état succulent, et celles qui ont éprouvé une dessication naturelle tant qu'elles étaient sur pied. Les premières retiennent toutes leurs facultés nutritives, et les secondes n'en conservent aucune si la dessication est parfaite.

XXVIII. *Lolium perenne*. Bot. angl. 315. Flo. Dan. 747.
Raigrasse. Indigène en Angleterre.

A l'époque de la floraison, le produit d'une riche glaise brune est

Herbe 11 onces 8 dr. Le produit par acre. ... 125235 0 = 7827 3 0 (onces / ou liv. par acre.)

80 dr. d'herbe pèsent, quand elle est sèche 34 dr.
Le produit de l'espace ci-dessus 78 $\frac{4}{10}$ } 53156 15 = 3322 4 13

Le poids perdu dans le séchage par le produit d'un acre. 4494 14 3

64 dr. d'herbe donnent de matière nutritive 2.2 dr.
Le produit de l'espace ci-dessus 7.0 $\frac{1}{4}$ } 4891 15 = 505 11 15

A l'époque de la maturité de la graine, le produit est

Herbe 22 onces. Le produit par acre ... 239580 0 = 14973 12 0

5o dr. d'herbe pèsent, quand elle est
séche   24 dr.

Le produit de l'espace ci-dessus   105.2 $\frac{2}{5}$

onces   eu liv. par acre.
71874   0 =   4492   2   0

Le poids perdu dans le séchage du

produit d'un acre. 10481 10   0

64 dr. d'herbe donnent de matière

nutritive   2.5 dr.

Le produit de l'espace ci-dessus   15.0 $\frac{2}{16}$

10294   7 =   643   6   7

Le poids de matière nutritive qui se

perd quand on fait la récolte au

moment de la floraison, étant près

de la moitié de sa valeur. 337   8   8

Les valeurs de l'herbe, aux époques de la floraison et de la maturité de la
graine, sont entre elles comme les nombres 10 et 11.

Le produit de la dernière récolte est

Herbe 5 onces. Le produit par acre   54450   0 =   3403   2   0

64 dr. d'herbe donnent de matière   onces   ou liv.   par acre.
nutritive   1 dr.   850 12 =   53   2 12

Les valeurs de l'herbe à la dernière récolte, à la floraison et à l'époque de la maturité de la graine, sont entre elles comme les nombres 4, 10 et 11.

XXIX *Poa maritima*. Bot. angl. 1140.

Poa maritime. Indigène en Angleterre.

A l'époque de la floraison, le produit d'une glaise brunâtre, légère, est

Herbe 18 onces. Le produit par acre   196020   0 = 12251   4   0

80 dr. d'herbe pèsent, quand elle est sèche   32 dr. $\left.\right\}$

Le produit de l'espace ci-dessus   115 $\frac{1}{7}$ 78408   0 = 4900   0   0

Le poids perdu dans le séchage du produit d'un acre 7350   4   0

64 dr. d'herbe donnent de matière

nutritive   4.2 dr. } onces   ou liv. par acre
Le produit de l'espace ci-dessus   20.1 dr. } 13782 0 =   861 6 0

Le produit de la dernière récolte est
Herbe 18 onces le produit par acre   196020 0 = 12251 4 0
64 dr. d'herbe donnent de matière
nutritive   1 dr.   3062 13 =   191 6 31

Les valeurs de l'herbe de la dernière récolte et de la floraison sont entre elles comme les nombres 4 et 18.

XXX. *Cynosurus cristatus.* Bot. angl. 318. Host. G. A. 2. t. 96.

Cretelle des prés.

A l'époque de la floraison, le produit d'une glaise brune, avec engrais, est
Herbe 9 onces. Le produit par acre   10 0 = 6123 10 0
80 dr. d'herbe pèsent, quand elle est
sèche   24 dr. }
Le produit de l'espace ci-dessus   43 dr. } 29403 0 = 1857 11 0

Le poids perdu dans le séchage du produit d'un acre. . . . . onces 4287, ou liv. 15, par acre. 0

64 dr. d'herbe donnent de matière nutritive 4.1 dr.
Le produit de l'espace ci-dessus 9.2 $\frac{1}{16}$ } 6508 7 = 406 12 7

A l'époque de la floraison, le produit est

Herbe 18 onces. Le produit par acre 196020 0 = 12251 4 0

80 dr. d'herbe pèsent, quand elle est sèche 32 dr.
Le produit de l'espace ci-dessus 115.0 $\frac{8}{10}$ } 78408 0 = 4900 0 0

Le poids perdu dans le séchage du produit d'un acre. 7350 12 0

64 dr. d'herbe donnent de matière nutritive 2.2 dr.
Le produit de l'espace ci-dessus 11.1 dr. } 7657 0 = 478 9 0

Le poids de la matière nutritive perdue en faisant la récolte au moment de la floraison, dépassant un
sixième de sa valeur . . . . o   71 12 9

XXXI. *Avena pratensis.* Bot. angl. 1204. Fl. Dan. 1083.
Avoine des prés. Indigène en Angleterre.

À l'époque de la floraison, le produit d'une riche glaise sablonneuse est

onces — on liv. par acre.

Herbe 10 onces. Le produit par acre   108900 0 = 6806 4 0
80 dr. d'herbe pèsent, quand elle est
   sèche   22 dr. }
Le produit de l'espace ci-dessus   44 dr. }   29947 8 = 1871 11 8
Le poids perdu dans le séchage du
   produit d'un acre. 4934 8 8
64 dr. d'herbe donnent de matière

		onces			ou liv.	par acre.
nutritive	2.1 dr.					
Le produit de l'espace ci-dessus	5.2 $\frac{1}{2}$	3828	8	=	239	4	8

A l'époque de la maturité de la graine, le produit est

Herbe 14 onces. Le produit par acre — 152460 0 = 9528 12 0
80 dr. d'herbe pèsent, quand elle est sèche — 24 dr.
Le produit de l'espace ci-dessus — 67.0 $\frac{4}{7}$ — 45738 0 = 2858 10 0
Le poids perdu dans le séchage du produit d'un acre. 6670 2 0
64 dr. d'herbe donnent de matière nutritive — 1 dr.
Le produit de l'espace ci-dessus — 5.2 dr. — 2382 3 = 148 14 3
Le poids de matière nutritive qui se perd en laissant la récolte sur pied

jusqu'à la maturité de la graine,

excédant un tiers de sa valeur. 90   6   0

Les valeurs des récoltes, faites aux temps de la maturité de la graine et de la floraison, sont entre elles comme les nombres 4 et 9.

XXXII. *Bromus multiflorus.* Bot. angl. 1884. Host. G. A. 1. t. 11.

Brome à fleurs nombreuses. Indigène en Angleterre.

A l'époque de la floraison, le produit d'une glaise argileuse est

	onces		ou liv.	par acre.
Herbe 33 onces. Le produit par acre	359370	0 = 22460	10	0
80 dr. d'herbe pèsent, quand elle est sèche 44 dr.	197653	8 = 12353	5	8
Le produit de l'espace ci-dessus 290.0 $\frac{2}{5}$				
Le poids perdu dans le séchage du produit d'un acre. 10107	4	8		

64 dr. d'herbe donnent de matière
nutritive 5 dr.
Le produit de l'espace ci-dessus 41.1　　} 28075 12 = 1754 11 12

Cette espèce est annuelle, et on n'a encore découvert aucune qualité bien importante dans sa graine. On a seulement remarqué qu'elle se rencontre fréquemment dans les mauvaises terres à fourrage, et quelquefois dans les prés. Il paraît, d'après les détails ci-dessus, qu'elle possède des facultés nutritives égales à celles de quelques-unes des meilleures espèces perennes, si on la fauche pendant qu'elle est en fleurs. Mais si on la laisse sur pied jusqu'à la maturité de la graine (ce qui, attendu qu'elle est hâtive, arrive souvent), elle a beaucoup moins de valeur, ses feuilles et ses tiges étant tout – à – fait sèches.

XXXIII. *Festuca loliacea*. Curt. Lond. Bot. angl. 1821.
Festuque loliacée. Indigène en Angleterre.

A l'époque de la floraison, le produit d'une riche glaise brunâtre est

	onces			ou liv.	par acre.	
Herbe 24 onces. Le produit par acre	261360	0	=	16335	0	0
8o dr. d'herbe pèsent, quand elle est sèche 35 dr.						
Le produit de l'espace ci-dessus. 168 dr.	114343	0	=	7146	9	0
Le poids perdu dans le séchage du produit d'un acre.				9188	7	0
64 dr. d'herbe donnent de matière nutritive 3 dr.						
Le produit de l'espace ci-dessus 18 dr.	8848	2	=	553	2	0

Le produit de la dernière coupe est

Herbe 5 onces. Le produit par acre	12251	4	=	765	11	0
64 dr. d'herbe donnent de matière nutritive 1.1 dr.	1064	7	=	66	7	7

Le poids de matière nutritive perdue en laissant la récolte sur pied jusqu'à la maturité de la graine, excédant le quart de sa valeur. 212 11 0

Les valeurs de cette plante, coupée aux temps de la floraison et de la maturité de la graine, sont entre elles comme les nombres 12 et 13. Celles de la dernière coupe et des récoltes faites aux époques de la floraison et de la maturité de semences, sont entre elles comme les nombres 5, 12 et 13.

Cette espèce ressemble beaucoup au ray-grass par son apparence et les lieux où elle croît; mais elle lui est bien supérieure, soit pour la confection du foin, soit pour les pâturages permanens. Elle paraît devenir d'autant plus productive qu'elle avance plus en âge, ce qui est directement l'inverse du *lolium perenne*.

XXXIV *Poa cristata*. Host. G. A. 2. t. 75. — *Aira cristata*. Bot. angl. 648.
Poa à crêtes. Indigène en Angleterre.

A l'époque de la floraison, le produit d'une glaise sablonneuse est

	onces			ou liv.	par acre.
Herbe 16 onces. Le produit par acre	174240	o	=	10890	o o

80 dr. d'herbe pèsent, quand elle est

sèche	56 dr.					
Le produit de l'espace ci-dessus	$115\frac{1}{16}$	7848	o =	4900	8	o

Le poids perdu dans le séchage du
produit d'un acre. . . . . o   5989 8 o

64 dr. d'herbe donnent de matière

nutritive	2 dr.					
Le produit de l'espace ci-dessus	8 dr.	5445	o =	340	5	o

Le produit de cette espèce, et la matière nutritive qu'elle donne, égalent ceux de la *festuca ovina* à l'époque où la graine entre en maturité. Elles se plaisent l'une et l'autre dans les sols secs. La grosseur de son herbe et de son feuillage, par rapport à son poids, rend la *festuca cristata* inférieure à la *festuca ovina*.

XXXV *Festuca myurus.* Bot. angl. 1412. Host. G. A. 2. t. 93.

Cultivée en Angleterre.

A l'époque de la floraison, le produit d'un sol sablonneux, léger, est

	onces		ou liv.	par acre.
Herbe 14 onces. Le produit par acre	152460	0 =	9528 12	0

80 dr. d'herbe pèsent, quand elle est

		onces		ou liv.	par acre.
sèche	24 dr. }	45758	0 =	2858 10	0
Le produit de l'espace ci-dessus	67 $\frac{2}{10}$ }				

Le poids perdu dans le séchage du

produit d'un acre..........................6670 2 0

64 dr. d'herbe donnent de matière

nutritive	1.2 dr. }	3573	4 =	223 5 4
Le produit de l'espace ci-dessus	5.1 dr. }			

Cette espèce est rigoureusement annuelle ; elle est aussi sujette à la rouille, et les nombres exprimant son produit, que nous venons de rapporter, la rangent parmi les dernières plantes à fourrages.

XXXVI. *Aira flexuosa.* Bot. ang. 1519. Host. G. A. 2. t. 43.

Aira tortueux. Indigène en Angleterre.

A l'époque de la floraison, le produit d'un sol de bruyère est

		onces		ou liv.	par acre.
Herbe 12 onces. Le produit par acre		130680 0 =	8167	8	0

80 dr. d'herbe pèsent, quand elle est
sèche   31 dr. ⎫
Le produit de l'espace ci-dessus $74\frac{2}{7}$ ⎬ 50638 0 = 3164 14 8

Le poids perdu dans le séchage du
produit d'un acre 5002 9 8

64 dr. d'herbe donnent de matière
nutritive   1.2 dr. ⎫
Le produit de l'espace ci-dessus   4.2 dr. ⎬ 3062 13 = 191 6 13

XXXVII. *Hordeum bulbosum.* Hort. Kew. 2. P. 179.

Orge bulbeuse. Indigène en Italie et dans le Levant. Introduite en Angleterre par M. Richard en 1770.

A l'époque de la floraison, le produit d'un glaise argileuse, fumée, est

Herbe 35 onces. Le produit par acre .... 381150 0 $=$ 23821 0 0

80 dr. d'herbe pèsent, quand elle est

sèche .... 93 dr.
Le produit de l'espace ci-dessus 231 dr. } 157224 0 $=$ 9826 8 6

Le poids perdu dans le séchage du

produit d'un acre 13994 7 10

64 dr. d'herbe donnent de matière

nutritive .... 3.2 dr.
Le produit de l'espace ci-dessus 30.2 ¾ } 20844 2 $=$ 1302 12 2

XXXVIII. *Festuca calamaria.* Bot. angl. 1005.

Festuque calamaria. Indigène en Angleterre.

A l'époque de la floraison, le produit d'une terre argileuse est

Herbe 80 onces. Le produit par acre .... 871200 0 $=$ 54450 0 0

80 dr. d'herbe pèsent, quand elle est

sèche . . . . 28 dr. }
Le produit de l'espace ci-dessus . . . . . 448 dr. } 304920 onces 0 = 19057 liv. 8 par acre. 0

Le poids perdu dans le séchage du

produit d'un acre. 55392 8 0

64 dr. d'herbe donnent de matière

nutritive . . . . 4.2 dr. }
Le produit de l'espace ci-dessus . . . . . 90 dr. } 61256 4 = 3828 8 4

Au temps de la maturité de la graine, le produit est

Herbe 75 onces. Le produit par acre . . . . . 816750 0 = 51046 14 0

80 dr. d'herbe pèsent, quand elle est

sèche . . . . 19 dr. }
Le produit de l'espace ci-dessus . . . . . 283 dr. } 193978 2 = 12123 10 0

Le poids perdu dans le séchage du

produit d'un acre. 38923 4 0

14*

64 dr. d'herbe donnent de matière
nutritive   3 dr.
Le produit de l'espace ci-dessus   56.1 dr.

$$\left. \begin{matrix} \text{onces} \\ 38285 \quad 2 \end{matrix} \right\} = \begin{matrix} \text{ou liv.} \quad \text{par acre.} \\ 2392 \quad 13 \quad 2 \end{matrix}$$

Le poids de matière nutritive perdue
en laissant la récolte sur pied jusqu'à la maturité de la graine, étant
près du tiers de sa valeur. 1435 11   2

Les valeurs de l'herbe récoltée aux époques de la maturité de la graine et de la floraison, sont entre elles comme les nombres 12 et 18.

Cette herbe, ainsi que nous l'avons déjà remarqué, donne du feuillage dès les premiers jours du printemps. Son produit et sa faculté nutritive sont considérables. D'après les détails rapportés plus haut, elle est surtout propre à la confection du foin. Elle est sujette à une maladie très-singulière qui détruit parfois ses semences. Quelques botanistes donnent le nom de clavus à cette affection. Elle se manifeste par un gonflement qui triple les dimensions de la graine. Le docteur Willdenow en décrit deux espèces bien distinctes : le clavus simple qui est farineux, de couleur foncée, insipide et inodore ; le clavus compliqué qui est d'un violet bleu noirâtre, dont l'intérieur est aussi d'une teinte bleuâtre, d'odeur fétide et d'un goût très-piquant. Le pain, fait avec le grain affecté de cette dernière espèce de maladie, est de couleur bleuâtre ; il cause des crampes et des vertiges à ceux qui en mangent.

XXXIX. *Bromus littoreus* Host. G. A. P. 7. t. 8.

Brome des rivages. Indigène en Allemagne, croît sur les bords du Danube et autres rivières.

A l'époque de la floraison, le produit d'une glaise argileuse est

	onces		ou liv.	par acre.
Herbe 61 onces. Le produit par acre 80 dr. d'herbe pèsent, quand elle est sèche	664290	0 =	41518	2 0
Le produit de l'espace ci-dessus	340448	10 =	21278	0 10

Herbe 61 onces. Le produit par acre 80 dr. d'herbe pèsent, quand elle est sèche $\quad$ 41 dr.

Le produit de l'espace ci-dessus $\quad$ 500 $\frac{1}{10}$

Le poids perdu dans le séchage par le
produit d'un acre. . . . . o

onces   ou liv. par acre.
20540   1   6

64 dr. d'herbe donnent de matière
nutritive   1.2 dr.
Le produit de l'espace ci-dessus   22.3 ½

15567   4 =   973   1   4

A l'époque de la maturité de la graine, le produit est

Herbe 56 onces. Le produit par acre   609840   0 = 58115   0   0
80 dr. d'herbe pèsent, quand elle est
sèche   32 dr.
Le produit de l'espace ci-dessus   558 ½

243956   0 = 15246   0   0

Le poids perdu dans le séchage par
le produit d'un acre. 22869   0   0

64 dr. d'herbe donnent de matière
nutritive   3.2 dr.
Le produit de l'espace ci-dessus   196 dr.

33350   0 =   2084   6   10

Le poids de la matière nutritive qui est
perdue en faisant la récolte pendant
la floraison, excédant la moitié de

sa valeur. . . . . .o   1111 5 6

(onces   on liv. par acre.)

Les valeurs de l'herbe cueillie, aux époques de la floraison et de la maturité de la graine, sont entre elles comme les nombres 6 et 14.

Cette espèce a toute l'apparence extérieure de la précédente, mais elle lui est inférieure en qualité, comme on peut le voir en comparant les produits et la matière nutritive qu'elle contient. Elle est aussi plus grossière proportionnellement à son poids. Sa semence est sujette aux maladies qui détruisent celles des espèces qui précèdent.

XL. *Festuca elatior*. Bot. angl. 1593. Host. G. A. 2. t. 79.
Festuque élevée. Indigène en Angleterre.

A l'époque de la floraison, le produit d'une riche glaise noire est

Herbe 75 onces. Le produit par acre 816750   0 = 51046 14 0

80 dr. d'herbe pèsent, quand elle est

sèche   28 dr.

Le produit de l'espace ci-dessus.   420 dr.   } 285862   8 = 17866   6   8

Le poids perdu dans le séchage du

produit d'un acre. 33180   7   8

64 dr. d'herbe donnent de matière

nutritive   5 dr.

Le produit de l'espace ci-dessus   93.5 dr.   } 63808   9 = 3988   0   9

A l'époque de la maturité de la graine, le produit est

Herbe 75 onces. Le produit par acre   816750   0 = 51046   4   0

80 dr. d'herbe pèsent, quand elle est

sèche   28 dr.

Le produit de l'espace ci-dessus   420 dr.   { 285862   8 = 17866   6   0

Le poids perdu dans le séchage du pro-

duit d'un acre 33180   7   8

64 dr. d'herbe donnent de matière

nutritive   3 dr. } onces
38285 2 = 2392 13 2 (ou liv. par acre.)

Le produit de l'espace ci-dessus   56.1 dr. }

Le poids de la matière nutritive per-

due en laissant la récolte sur pied

jusqu'à la maturité de la graine, ex-

cédant le tiers de sa valeur. 1595 3 7

Les valeurs de l'herbe récoltée, aux époques de la maturité de la graine et de la floraison, sont entre elles comme les nombres 12 et 20.

Le produit de la dernière coupe est

Herbe 23 onces. Le produit par acre   250470 0 = 15654 6 0

64 dr. d'herbe donnent de matière

nutritive   4 dr.   15654 6 = 978 6 6

Les valeurs de l'herbe, à la dernière coupe et à la première, sont entre elles comme les nombres 16 et 20.

Cette espèce a les plus grandes analogies avec la *festuca pratensis*, dont elle ne diffère qu'en ce qu'elle est plus grande à tous égards. Son produit est presque égal au triple de celui de la *festuca pratensis*, et les puissances nutritives de l'une et de l'autre sont comme les nombres 6 et 8.

XLI. *Nardus stricta*. Bot. angl. 290. Host. G. A. 2. t. 4.

Nard serré. Indigène en Angleterre.

A l'époque de la maturité de la graine, le produit est

Herbe 9 ouces. Le produit par acre   98010   0 $=$ 6125 10   0

80 dr. d'herbe pèsent, quand elle est

sèche   32 dr. $\Big\}$

Le produit de l'espace ci-dessus   57.2 $\frac{2}{5}$ 39204   0 $=$ 2450   4   0

Le poids perdu dans le séchage du

produit d'un acre. 3675   6   0

64 dr. d'herbe donnent de matière

		onces	ou liv. par acre.
nutritive	2.1 dr.	3445 10 =	215 5 10
Le produit de l'espace ci-dessus	$5.0\frac{1}{5}$		

XLII. *Triticum sp.*

Blé.

A l'époque de la floraison, le produit d'une riche glaise sablonneuse est

Herbe 18 onces. Le produit par acre		196020 0 =	12251 4 0
80 dr. d'herbe pèsent, quand elle est sèche	52 dr.	78408 0 =	4900 8 0
Le produit de l'espace ci-dessus	$115\frac{1}{5}$		
Le poids perdu dans le séchage du produit d'un acre			7350 12 0
64 dr. d'herbe donnent de matière nutritive	2.2 dr.	7657 0 =	478 9 0
Le produit de l'espace ci-dessus	11.1 dr.		

XLIII. *Festuca fluitans.* Curt. Lond. Bot ang. 1520. *Poa fluitans.*

Festuque flottante. Indigène en Angleterre.

A l'époque de la floraison , le produit d'une argile tenace et compacte est

		onces		ou liv.	par acre.
Herbe 20 onces. Le produit par acre		217800	0 = 13612	8	0
80 dr. d'herbe pèsent , quand elle est sèche	24 dr.				
Le produit de l'espace ci-dessus	96 dr.	65340	0 = 4083	12	0
Le poids perdu dans le séchage par le produit d'un acre				9528	12	0
64 dr. d'herbe donnent de matière nutritive	1.5 dr.				
Le produit de l'espace ci-dessus	8.5 dr.	5955	0 = 372	3	7

Le produit , dont on vient de rendre compte , a été évalué sur l'herbe qui était en terre depuis quatre ans , pendant lesquels il s'était constamment accru. Ce qui paraît contraire à l'opinion de quelques personnes qui regardent cette plante comme peu susceptible d'être cultivée pour les pâturages permanens.

XLIV. *Holcus lanatus.* Curt. Lond. Fl. Dan. 1181.

Holcus laineux, herbe du Yorkshire. Indigène en Angleterre.

A l'époque de la floraison, le produit d'une glaise argileuse forte est

	onces		ou liv.	par acre.
Herbe 28 onces. Le produit par acre	303920	0 =	19057	8 0

		onces		ou liv.	par acre.
80 dr. d'herbe pèsent, quand elle est sèche	26 dr.				
Le produit de l'espace ci-dessus	157.2 $\frac{2}{5}$	106585	14 =	6661	9 14

Le poids perdu dans le séchage du produit d'un acre. 12395 14 2

		onces	ou liv.	par acre.
64 dr. d'herbe donnent de matière nutritive	4 dr.			
Le produit de l'espace ci-dessus	28 dr.	19057 8 =	1191	1 8

A l'époque de la maturité de la graine, le produit est

	onces		ou liv.	par acre.
Herbe 28 onces. Le produit par acre	304920	0 =	19057	8	0
80 dr. d'herbe pèsent, quand elle est sèche — 16 dr.					
Le produit de l'espace ci-dessus — 89.2 $\frac{4}{5}$	60984	0 =	3811	8	0
Le poids perdu dans le séchage du produit d'un acre..............................			15246	0	0
64 dr. d'herbe donnent de matière nutritive — 2.3 dr.					
Le produit de l'espace ci-dessus — 19.1 dr.	13102	0 =	818	14	0
Le poids de la matière nutritive perdue en laissant la récolte sur pied jusqu'à la maturité de la graine, excédant le tiers de sa valeur			372	3	8

Les valeurs de l'herbe, récoltée aux époques de la maturité de la graine et de la floraison, sont entre elles comme 11 est à 12.

XLV. *Festuca dumetorum.* Flor. Dan. 700.

Festuque des buissons. Indigène en Angleterre.

A l'époque de la floraison, le produit d'une glaise sablonneuse noire est

	onces.		ou liv. par acre.		
Herbe 16 onces. Le produit par acre	174240	0 =	10890	0	0
80 dr. d'herbe pèsent, quand elle est sèche 40 dr.					
Le produit de l'espace ci-dessus 128 dr.	87120	0 =	5445	0	0
Le poids perdu dans le séchage du produit d'un acre.			5445	0	0
64 dr. d'herbe donnent de matière nutritive 1 dr.					
Le produit de l'espace ci-dessus 4 dr.	2722	8 =	170	2	8

Poa fertilis. Host. G. A.

Poa fertile. Indigène en Allemagne.

A l'époque de la floraison, le produit d'une glaise argileuse est

	onces		ou liv.	par acre.
Herbe 22 onces. Le produit par acre	239580 0	=	14973 12	0

80 dr. d'herbe pèsent, quand elle est

sèche   42 dr.
Le produit de l'espace ci-dessus   184 ⅘   }   125779 8 = 7861 3 8

Le poids perdu dans le séchage du pro-

duit d'un acre 7111 8 8

64 dr. d'herbe donnent de matière

nutritive   4.2 dr.
Le produit de l'espace ci-dessus   24.3 dr. }   16845 7 = 1052 13 7

Si on compare le produit et la puissance nutritive de cette espèce avec ceux des plantes de la même famille, ou autres qui ont les mêmes habitudes et se plaisent dans les mêmes sols, on reconnaîtra qu'elle est bien supérieure, et se place au rang des herbes les plus précieuses. Après elle vient le *poa angustifolia* qui donne, dès les premiers jours du printemps, une grande quantité de feuillage d'excellente qualité, qui compense le retard de sa floraison.

XLVII. *Arundo colorata.* Hosrt. Kew. 1. p. 174. Bot. angl. 402. *Phalaris arundinacea.*

Roseau coloré. Indigène en Angleterre.

A l'époque de la floraison, le produit d'une glaise noire et sablonneuse est

	onces		ou liv. par acre.
Herbe 40 onces. Le produit par acre	435600	0 =	27225 0 0
80 dr. d'herbe pèsent, quand elle est sèche 36 dr.			
Le produit de l'espace ci-dessus. 288 dr.	196020	0 =	12251 4 0
64 dr. d'herbe donnent de matière			

		onces		on liv. par acre.
nutritive	4 dr. }			
Le produit de l'espace ci-dessus	40 dr. }	27225 0 =	1701	9 0

La grande puissance nutritive dont elle jouit la recommande à l'attention de ceux qui possèdent des terres argileuses fortes, incapables d'être desséchées. Son produit est considérable, et son feuillage ne paraîtra pas grossier si on le compare avec ceux des plantes qui en donnent la même quantité.

XLVIII. *Trifolium pratense*. W. Bot. 3. p. 137.

Trèfle des prés. Indigène en Angleterre.

A l'époque de la maturité de la graine, le produit d'une riche terre argileuse est

Herbe 72 onces. Le produit par acre   784080 0 = 49005 0 0

80 dr. d'herbe pèsent, quand elle est

sèche	20 dr. }			
Le produit de l'espace ci-dessus	288 dr. }	196020 0 =	12251	0 0

Le poids perdu dans le séchage du
produit d'un acre 3675   4   o

64 dr. d'herbe donnent de matière
nutritive   2.2 dr.   }
Le produit de l'espace ci-dessus   45   dr. }   30628   2 = 1914   4   2

Si l'on compare le déchet qu'éprouve dans le séchage cette espèce de trèfle avec celui que supportent plusieurs autres herbes naturelles, on reconnaîtra qu'il vaut mieux pour être mangé en verd ou en pâturage que pour la confection des foins ; car il est certain qu'il est d'autant plus difficile d'en faire de bons, que la quantité d'eau superflue dans l'herbe est plus considérable. On se convaincra mieux de sa valeur comme fourrage verd ou pâturage, en la comparant avec les plantes qui sont regardées comme les meilleures pour cet objet.

Trifolium pratense (comme plus haut) donne de matière nutritive   2.2 dr.

XLIX *Trifolium repens* (trèfle blanc) d'une égale quantité d'herbe 2.0 dr.

L. *Idem*, variété avec feuilles brunes, *idem* 2.2 dr.

L'herbe du *trifolium pratense* est à celle du *trifolium repens* comme 8 à 10; elle égale celle de la variété brune.

LI. Burnet (*poterium sanguisorba*), pimprenelle, donne de matière nutritive 2.2 dr.

LII. *Bunias orientalis* (plante nouvellement introduite), *idem* 2.2 dr.

Les valeurs de ces deux dernières, celles du *trifolium pratense* et de la variété du *trifolium repens* à grandes feuilles brunes, égales entre elles, sont au *trifolium repens* comme les nombres 8 et 10.

La valeur comparative de ces quatre dernières espèces par acre n'a pas été déterminée d'une manière exacte.

LIII. *Trifolium macrorhizum*.

Trèfle à grosses racines. Indigène en Hongrie.

A l'époque de la maturité de la graine, le produit d'une riche glaise argileuse est

		onces		ou liv. par acre.	
Herbe 144 onces. Le produit par acre		1568160	0 = 98010	0	0

80 dr. d'herbe pèsent, quand elle est
sèche 34 dr. }
Le produit de l'espace ci-dessus 979 ¾ } 666468 0 = 41654 4 0

Le poids perdu dans le séchage par
le produit d'un acre. 56355 12 0

64 dr. d'herbe donnent de matière
nutritive 2.5 dr. }
Le produit de l'espace ci-dessus 99 dr. } 67381 14 = 4211 5 14

La racine de cette espèce de trèfle est bisannuelle ; elle pénètre à des profondeurs considérables , et en conséquence elle est peu affectée des variations de sécheresse et d'humidité ; elle exige un bon abri et un sol profond. Son produit, comparé à celui des autres herbes qui ont des habitudes analogues et se plaisent aux mêmes lieux, prouve sa grande supériorité.

Les détails dans lesquels je vais entrer, et qui se rapportent aux résultats établis ci-après, la feront encore mieux sentir.

Trifolium pratense.
Trèfle à larges feuilles.
- Produit par acre, herbe. 49005
- *Idem* foin. 12251
- Donne de matière nutritive. 1914

Medicago sativa.
Luzerne. D'un sol de la même nature.
- Produit par acre, herbe. 70785
- *Idem* foin. 28314
- Donne de matière nutritive 1659

Hedysarum onobrychis.
Sainfoin.
- Produit par acre, herbe. 8848
- *Idem* foin. 3539
- Donne de matière nutritive. 314

Le poids de la matière nutritive donnée par le produit du *trifolium macrorhizum*, et celui du *trifolium pratense*, étant entre eux comme les nombres 7 et 15. 2297

Les valeurs de l'herbe du *trifolium pratense* et du *trifolium macrorhizum* sont entre elles comme 10 à 11.

Le poids de la matière nutritive donnée par le *trifolium macrorhizum*, étant à celui de la *medicago sativa* à peu près dans le rapport des nombres 13 et 33. 2552

La valeur proportionnelle de l'herbe est dans le rapport de 11 à 6

Le poids de matière nutritive donnée par le produit du *trifolium macrorhizum*, étant à celui de *hedysarum onobrychis* à peu près comme 5 à 67. 3897

La valeur proportionnelle de l'herbe, ainsi que celle du *trifolium pratense*, est dans le rapport de 11 à 10.

Le produit de chacune des espèces ci-dessus était évalué sur des herbes qui avaient crû dans un même terrain et dans la même situation ; on peut en conséquence le considérer comme positif pour ces sortes de sols. Il est évident qu'un acre de *trifolium macrorhizum* donne autant de matière nutritive qu'un espace double couvert de *trifolium pratense*. Sa courte durée dans la terre (car s'il est semé de bonne heure, dans l'automne, sur un sol riche et léger, il n'est qu'annuel) ne le rend propre qu'à être mangé en verd ou à donner du foin ; dans le dernier cas, il diminue de valeur comparativement au *trifolium pratense*. Il possède la propriété essentielle de produire de bonnes graines en abondance, et, si le sol est propre, il se sème lui-même, végète, croît rapidement sans avoir été recouvert ni avoir reçu de préparations d'aucune espèce. Depuis quatre ans, il se propage lui-même sur l'espace qu'il occupe aujourd'hui, et où nous l'avons récolté pour en évaluer le produit. Celui des fourrages qui se rapproche le plus de cette espèce est la luzerne ; elle lui est presque égale pour la quantité ; mais, quant à la matière nutritive qu'elle contient, elle lui est inférieure dans le rapport de 13 à 33. Le seul avantage de la luzerne au-dessus de cette plante est d'être plus vivace : si le cultivateur ne recherche que cette qualité, elle mérite la préférence.

La valeur de l'herbe du sainfoin égale celle du *trifolium pratense*; mais elle est inférieure à celle du *trifolium macrorhizum*, dans le rapport de 10 à 11. La quantité en est très-petite, et ne peut entrer en comparaison lorsque la plante est cultivée dans les sols de la nature de ceux que nous avons décrits. Attendu néanmoins l'excès de valeur de l'herbe, il est possible que, dans les situations montagneuses ou dans les sols crayeux, elle soit supérieure à tous égards.

LIV. *Medicago sativa.* Wither. B. 3. p. 643.

Luzerne. Cultivée en Angleterre.

A l'époque de la maturité de la graine, le produit d'une riche glaise argileuse est

	onces		ou liv.	par acre.	
Herbe 104 onces. Le produit par acre	1132560	0 =	70785	0	0

80 dr. d'herbe pèsent, quand elle est
sèche $\qquad$ 32 dr.

Le produit de l'espace ci-dessus. 665.2 $\frac{2}{5}$ } 453024 0 = 28314 0 0

Le poids perdu dans le séchage du pro-
duit d'un acre 42471 0 0

64 dr. d'herbe donnent de matière
nutritive 1.2 dr.

Le produit de l'espace ci-dessus 39 dr. } 26544 6 = 7659 0 6

LV. *Hedysarum onobrichis.* Wither. 3. p. 628.

Sainfoin. Cultivé en Angleterre.

A l'époque de la maturité de la graine, le produit d'une riche glaise argileuse est

Herbe 13 onces. Le produit par acre $\qquad$ 141570 0 = 8848 2 0

80 dr. d'herbe pèsent, quand elle est

sèche   32 dr. }

Le produit de l'espace ci-dessus   85 ⅕ }   56628 0 = 5539 4 0

Le poids perdu dans le séchage par

le produit d'un acre 5508 14 0

64 dr. d'herbe donnent de matière

nutritive   2.2 dr. }

Le produit de l'espace ci-dessus   8.0 ½ }   5530 1 = 345 10 1

LVI *Hordeum pratense*. Bot. ang. 409. Host. G. A. 1. t. 33.

Orge des prés. Indigène en Angleterre.

A l'époque de la floraison, le produit d'une glaise brune fumée est

Herbe 12 onces. Le produit par acre   13068o 0 = 8167 8 0

80 dr. d'herbe pèsent, quand elle est

sèche   32 dr. }

Le produit de l'espace ci-dessus   67.1 dr. } 52272 0 = 3267 0 0

Le poids perdu dans le séchage du produit d'un acre 4900 8 0

64 dr. d'herbe donnent de matière nutritive   3.5 dr. }
Le produit de l'espace ci-dessus   11.1 dr. }   7657 0 = 478 9 0

LVII. *Poa compressa.* Bot. angl. 565.

Poa comprimé. Indigène en Angleterre.

A l'époque de la floraison, le produit d'un sol graveleux fumé est

Herbe 5 onces. Le produit par acre   54450 0 = 3403 2 0

80 dr. d'herbe pèsent, quand elle est sèche   34 dr. }
Le produit de l'espace ci-dessus   34 dr. }   23141 4 = 1446 5 4

Le poids perdu dans le séchage du produit d'un acre 1956 12 12

64 dr. d'herbe donnent de matière

		onces		ou liv. par acre.
nutritive	5 dr. }			
Le produit de l'espace ci-dessus	6.1 dr. }	4253 14 =		265 13 14

Le caractère spécifique de cette espèce est tout-à-fait le même que celui du *poa fertilis*, dont il ne diffère que par la forme comprimée des feuilles et par la propriété traçante des racines. Si elle donnait un produit plus considérable, elle serait une des herbes les plus précieuses, attendu qu'elle donne des feuilles de bonne heure au printemps, et possède à un haut degré les propriétés nutritives.

LVIII. *Poa aquatica*. Curt. Lond. Bot. angl. 1815.

Poa aquatique. Indigène en Angleterre.

A l'époque de la floraison, le produit d'une argile forte et tenace est

Herbe 186 onces. Le produit par acre   2025540   0 = 126596 4 0
80 dr. d'herbe pèsent, quand elle est

		onces		ou liv.	par acre.
sèche	48 dr.				
Le produit de l'espace ci-dessus	$1785.2\frac{2}{16}$	1215324　0	$=$	75957　12	0
Le poids perdu dans le séchage du produit d'un acre..............................		50638		8	0
64 dr. d'herbe donnent de matière nutritive	2.2 dr.				
Le produit de l'espace ci-dessus	116.1 dr.	79122　0	$=$	4945　2	10

LIX. *Aira aquatica.* Curt. Lond. Bot. angl. 1557.

Aira aquatique. Indigène en Angleterre.

A l'époque de la floraison, le produit est

Herbe 16 onces. Le produit par acre		174240　0	$=$	10890　0	0
80 dr. d'herbe pèsent, quand elle est sèche	24 dr.				
Le produit de l'espace ci-dessus	$76.3\frac{1}{16}$	52272　0	$=$	3267　0	0

Le poids perdu dans le séchage du
produit d'un acre................................ 7625 0 0
64 dr. d'herbe donnent de matière
nutritive   2.1 dr.
Le produit de l'espace ci-dessus   9 dr. } 6125 10 = 382 13 10

LX. *Bromus cristatus. Triticum cristatum.* H. G. A. 2. t. 24. *Secale prostratum.* Jacquin. Indigène en Allemagne.

Au temps de la floraison, le produit d'une glaise argileuse est

Herbe 13 onces. Le produit par acre.   141570 0 = 8848 0 0
80 dr. d'herbe pèsent, quand elle est
sèche   32 dr.
Le produit de l'espace ci-dessus.   83.1 dr. } 56628 0 = 5539 4 0
Le poids perdu dans le séchage du
produit d'un acre................................ 5308 14 0

64 dr. d'herbe donnent de matière
nutritive   2.2 dr.   onces   ou liv. par acre.
Le produit de l'espace ci-dessus 8.0 $\frac{2}{16}$ } 5530   1 = 545   10   0

LXI. *Elymus Sibericus*. Hort. K. 1. p. 176. Cultivé, en 1758, par M. P. Millard.

Elyme de Sibérie. Indigène en Sibérie.

A l'époque de la floraison, le produit d'une glaise argileuse fumée est

Herbe 24 onces. Le produit par acre   261360   0 = 16335   0   0
80 dr. d'herbe pèsent, quand elle est
sèche   28 dr.
Le produit de l'espace ci-dessus 134.1$\frac{2}{5}$ } 91476   0 = 5717   4   0
Le poids perdu dans le séchage du
produit d'un acre 10617   12   0

64 dr. d'herbe donnent de matière
nutritive   2.1 dr. } onces   ou liv. par acre.
Le produit de l'espace ci-dessus.   13.2 dr. } 9188 7 =   511   7   0

LXII. *Aira cœspitosa*. Host. G. A. 2. t. 42. Bot. angl. 1557.

Aira touffue. Indigène en Angleterre.

A l'époque de la maturité de la graine, le produit d'une argile forte et tenace est

Herbe 15 onces. Le produit par acre   165350 6 = 10209 6 0
80 dr. d'herbe pèsent, quand elle est
sèche   26 dr. }
Le produit de l'espace ci-dessus.   135 $\frac{1}{5}$ } 53088 12 = 3318 0 12
Le poids perdu dans le séchage du
produit d'un acre. 6891 5 4
64 dr. d'herbe donnent de matière

nutritive   2 dr. }   onces   ou liv. par acre.
Le produit de l'espace ci-dessus   7.2 dr. } 5104 11 =   319 0 11

LXIII. *Hordeum murinum*. Curt. Lond. Bot. angl. 1971.

Orge des murailles. Indigène dans la Grande-Bretagne.

A l'époque de la floraison, le produit d'une glaise argileuse est

Herbe 18 onces. Le produit par acre   196020 0 = 12251 4 0
80 dr. d'herbe pèsent, quand elle est
sèche   28 dr.
Le produit de l'espace ci-dessus   100.3 $\frac{1}{5}$ } 68607 0 = 4287 15 0
Le poids perdu dans le séchage du
produit d'un acre 7963 5 0
64 dr. d'herbe donnent de matière
nutritive   3 dr. }
Le produit de l'espace ci-dessus   3.3 $\frac{1}{16}$ } 2679 15 =   167 7 15

LXIV. *Avena flavescens*. Curt. Lond. Bot. angl. 952.

Avoine jaunâtre. Indigène en Angleterre.

A l'époque de la floraison, le produit d'une glaise argileuse est

	onces		ou liv.	par acre.
Herbe 12 onces. Le produit par acre	15o68o 0 =	8167	8	0

80 dr. d'herbe pèsent, quand elle est
sèche   28 dr. }
Le produit de l'espace ci-dessus   67.1 dr. }   45738 0 = 2858 10 0

Le poids perdu dans le séchage du
produit d'un acre 5308 14 0

64 dr. d'herbe donnent de matière
nutritive   3.3 dr. }
Le produit de l'espace ci-dessus   11.1 dr. }   7657 0 = 478 9 0

A l'époque de la maturité de la graine, le produit est

Herbe 18 onces. Le produit par acre   196020 0 = 12251 4 0

80 dr. d'herbe pèsent, quand elle est

		onces		ou liv.	par acre.

sèche   32 dr. }
Le produit de l'espace ci-dessus   115.0 $\frac{4}{5}$ }   78408 0 = 4900 8 0

Le poids perdu dans le séchage du
produit d'un acre. 7350 12 0

64 dr. d'herbe donnent de matière
nutritive   2.1 dr. }
Le produit de l'espace ci-dessus   10.0 $\frac{1}{2}$ }   6891 5 = 430 11 5

Le poids de matière nutritive perdue
en laissant la récolte sur pied jusqu'à la maturité de la graine, excé-
dant le dixième de sa valeur. 47 13 11

Les valeurs de l'herbe aux époques de la maturité de la graine et de la
floraison sont entre elles comme les nombres 9 et 15.

Le produit de la dernière coupe est

Herbe 6 onces. Le produit par acre   65340 0 = 4083 12 0
64 dr. d'herbe donnent de matière

nutritive   1.1 dr.   1276   2 =   79   12   2

Les valeurs de l'herbe cueillie à la dernière coupe, aux époques de la floraison et de la maturité de la graine, sont entre elles comme les nombres 5, 15 et 9.

Cette espèce est cultivée dans plusieurs parties de l'Angleterre, et les détails dans lesquels nous venons d'entrer prouvent qu'elle n'est pas sans quelque prix, quoiqu'elle soit inférieure à beaucoup d'autres.

LXV. *Bromus sterilis*. Bot. angl. 1030. Host. G. A. 1. t. 16.

Brome stérile. Indigène dans la Grande-Bretagne.

A l'époque de la floraison, le produit d'un sol sabloaneux est

	onces		ou liv. par acre.		
Herbe 44 onces le produit par acre	479160	0 =	29947	8	0
80 dr. d'herbe pèsent, quand elle est sèche 45 dr.					
Le produit de l'espace ci-dessus 396 dr.	269527	8 =	16845	7	8
Le poids perdu dans le séchage du produit d'un acre.	15102		0	8	

64 dr. d'herbe donnent de matière
  nutritive   5 dr. ⎫   onces   ou liv. par acre.
Le produit de l'espace ci-dessus   55 dr. ⎭   37434 6 = 2339 10   0

64 dr. de fleurs donnent de matière nutritive 2.2 dr. : la puissance nutritive des pailles et des feuilles est en conséquence deux fois aussi grande que celle des fleurs. Cette espèce étant strictement annuelle, n'a comparativement que peu de valeur. Les détails que nous avons exposés plus haut prouvent que sa puissance nutritive est bien supérieure à ce que sa dénomination semble comporter lorsqu'on la considère pendant qu'elle est en fleurs; mais si on la laisse sur pied jusqu'au moment de la maturité de la graine, elle éprouve, comme toutes les plantes annuelles, un déchet considérable.

LXVI. *Holcus mollis*. Curt. Lond. Wither. B. 2. p. 134.
Holcus velouté. Indigène en Angleterre.

A l'époque de la floraison, le produit d'un sol sablonneux est

		onces			ou liv.	par acre.
Herbe 50 onces. Le produit par acre		544500	0	= 34031	4	0
80 dr. d'herbe pèsent, quand elle est séche	32 dr.	217800	0	= 13612	8	0
Le produit de l'espace ci-dessus	520 dr.					

Le poids perdu dans le séchage du
produit d'un acre. 20418 12 0

64 dr. d'herbe donnent de matière
nutritive . . . . 4.2 dr.
Le produit de l'espace ci-dessus . . . 56.1 dr. } 38285 2 = 2392 13 2

A l'époque de la maturité de la graine, le produit est

Herbe 31 onces. Le produit par acre . . . 537590 0 = 21099 6 0
80 dr. d'herbe pèsent, quand elle est
séche . . . . 32 dr.
Le produit de l'espace ci-dessus . . . 198.1 $\frac{4}{5}$ } 135036 0 = 8439 12 0

Le poids perdu dans le séchage du   onces   ou liv. par acre.

produit d'un acre. 12659 10 0

64 dr. d'herbe donnent de matière

nutritive   5.2 dr. ⎫

Le produit de l'espace ci–dessus   27.0 $\frac{2}{7}$ ⎬ 18461 15 = 1153 13 15

Le poids de la matière nutritive per-

due en laissant la récolte sur pied

jusqu'à la maturité de la graine,

étant près de la moitié de sa valeur 1238 15 3

64 dr. de racines donnent de matière

nutritive   5.2 dr.

Les valeurs de l'herbe récoltée aux époques de la maturité de la graine et de la floraison, sont entre elles comme les nombres 14 et 18.

Les détails ci-dessus prouvent que la plante qui nous occupe jouit des qualités qui la rangent parmi les meilleures herbes. La petite perte de poids qu'elle éprouve dans le séchage est une conséquence de sa composition, et cette perte ne varie à aucune période. L'herbe donne le maximum de matière nutritive pendant qu'elle est en fleurs, circonstance qui la rend très-propre à la confection des foins.

LXVII. *Poa fertilis*. Var. B. Host. G. A. L'espèce.

Poa fertile. Variété. 1. Indigène en Allemagne.

A l'époque de la floraison, le produit d'une glaise argileuse brune est

	onces		ou liv.	par acre.
Herbe 23 onces. Le produit par acre	250470	0 = 15654	6	0
80 dr. d'herbe pèsent, quand elle est séche 34 dr.	106448	0 = 6653	8	0
Le produit de l'espace ci-dessus. 156 $\frac{2}{5}$				
Le poids perdu dans le séchage du produit d'un acre. 9000	14	0

64 dr. d'herbe donnent de matière

nutritive	3 dr.	onces		ou liv.	par acre.
Le produit de l'espace ci-dessus	17.1 dr.	11740	12 =	733	12 12

A l'époque de la maturité de la graine, le produit est

		onces		ou liv.	par acre.
Herbe 22 onces. Le produit par acre		239580	0 =	14973	12 0
8o dr. d'herbe pèsent, quand elle est sèche	44 dr.	151769	0 =	8235	9 0
Le produit de l'espace ci-dessus	193.2 dr.				
Le poids perdu dans le séchage du produit d'un acre.				6738	3 0
64 dr. d'herbe donnent de matière nutritive	5 dr.	18717	3 =	1169	13 3
Le produit de l'espace ci-dessus	27.2 dr.				

Le poids de matière nutritive perdue
en faisant la récolte à l'époque de

la floraison, surpassant un tiers de

sa valeur 0   436   1   3

Les valeurs de l'herbe, aux époques de la floraison et de la maturité de la graine, sont entre elles comme les nombres 12 et 20.

Le produit de la dernière récolte est

Herbe 7 onces. Le produit par acre   76250   0 =   4764   6   0
64 dr. d'herbe donnent de matière

nutritive   1.2 dr.   1786   10 =   111   10   10

Les valeurs de l'herbe prise à la dernière coupe, pendant la floraison et la maturité de la graine, sont entre elles comme les nombres 6, 12 et 20

LXVIII. *Cynosurus erucæformis. Beckmannia erucæformis.* Host. G. A. 3. t. 6.

Indigène en Allemagne.

A l'époque de la maturité de la graine, le produit est

Herbe 18 onces. Le produit par acre   196020   0 = 12251   4   0

80 dr. d'herbe pèsent, quand elle est
sèche   36 dr.
Le produit de l'espace ci-dessus   129.2 $\frac{2}{5}$

onces   ou liv. par acre.
88209   0 $=$ 5513   1   0

Le poids perdu dans le séchage par le
produit d'un acre. 6758   3   0
64 dr. d'herbe donnent de matière
nutritive   3.1 dr.
Le produit de l'espace ci-dessus   14.2 $\frac{3}{4}$

9954   2 $=$ 622   2   2

LXIX. *Phleum nodosum.* W. B. 2 p. 118.

A l'époque de la floraison, le produit d'une glaise argileuse est

Herbe 18 onces. Le produit par acre   196020   0 $=$ 12251   4   0
80 dr. d'herbe pèsent, quand elle est
sèche   38 dr.
Le produit de l'espace ci-dessus   136 $\frac{4}{5}$

93109   8 $=$ 5819   5   8

Le poids perdu dans le séchage du   onces   ou liv. par acre.

produit d'un acre. 0   6451 14 8

64 dr. d'herbe donnent de matière

nutritive   2.2 dr. $\Big\}$ 7657 0 $=$ 478 9 0

Le produit de l'espace ci-dessus   11.1 dr.

Cette herbe est inférieure, sous plusieurs rapports, au *phleum pratense;* elle ne se trouve que rarement dans les prés. D'après les nombres de bulbes dont ses tiges se couvrent, on pourrait croire qu'elle contient une plus grande quantité de matière nutritive ; elle semble être une preuve que ces bulbes ne forment pas dans la plante une partie aussi précieuse que les joints qui sont si visibles dans le *phleum pratense*, et dont la puissance nutritive est à celle du *phleum nodosum* comme 8 est à 28.

LXX. *Phleum pratense.* Wither. 2. p. 117.

Fléau des prés. Indigène en Allemagne.

A l'époque de la floraison, le produit d'une glaise argileuse est

		onces		ou liv.	par acre.
Herbe 60 onces. Le produit par acre		653400	0 =	40837	8	0

8o dr. d'herbe pèsent, quand elle est

sèche   34 dr. }
Le produit de l'espace ci-dessus.   408 dr. } 277695   0 = 17355 15 0

Le poids perdu dans le séchage du

produit d'un acre. 23481   9 0

64 dr. d'herbe donnent de matière

nutritive   2.2 dr. }
Le produit de l'espace ci-dessus   57.2 dr. } 25523 7 = 1595 3 0

Le poids de la matière nutritive per-

due en laissant la récolte sur pied

jusqu'à la maturité de la graine,

excédant la moitié de sa valeur. 2073 11 0

A l'époque de la maturité de la graine, le produit est

	onces		ou liv. par acre.
Herbe, 60 onces. Le produit par acre	655400	0 =	40837 8 0
80 dr. d'herbe pèsent, quand elle est sèche	58 dr.		
Le produit de l'espace ci-dessus	456 dr.	} 510365 0 =	19397 13 0
Le poids perdu dans le séchage du produit d'un acre....................			21439 11 0
64 dr. d'herbe donnent de matière nutritive	5.3 dr.		
Le produit de l'espace ci-dessus	86.1 dr.	} 58705 14 =	3668 15 14

Le produit de la dernière récolte est

	onces		ou liv. par acre.
Herbe 14 onces. Le produit par acre.	152460	0 =	9528 12 0
64 dr. d'herbe donnent de matière nutritive	2 dr.	4764 6 =	297 12 6

64 dr. de pailles donnent de matière nutritive 7 dr. La puissance nutritive des pailles simples est donc à celle des feuilles comme 28 est à 8, et les herbes prises aux époques de la floraison et de la maturité de la graine ont entre elles le même rapport que les nombres 10 et 23. La dernière récolte est à l'herbe coupée pendant la floraison, comme 8 est à 10.

D'après les détails dans lesquels nous venons d'entrer, cette plante, comparée aux autres, jouit de grandes qualités, parmi lesquelles il faut ranger l'abondance de feuillage qu'elle donne dès les premiers jours du printemps ; elle ne le cède, sous ce rapport, qu'au *poa fertilis* et au *poa angustifolia*. La valeur des tiges, au moment où la graine entre en maturité, est à celle de l'herbe, à l'époque de la floraison, comme 28 est à 10 ; circonstance qui la rend supérieure à une foule de plantes, en ce qu'elle permet de cueillir le précieux feuillage qu'elle développe de si bonne heure, à une époque avancée de la saison, sans nuire à la récolte du foin, qui se réduirait de près de moitié, s'il s'agissait d'autres herbes dont les tiges florales sont printanières; cette propriété des tiges rend surtout la plante propre à la confection du foin.

LXXI. *Phleum pratense*. Var. Minor. Wither. B. 2. 118. Var. 1. Fléau des prés. petite var. Indigène en Angleterre.

A l'époque de la maturité de la graine, le produit d'une glaise argileuse est

	onces		on liv. par acre.		
Herbe 40 onces. Le produit par acre	435600	0 =	27225	0	0
80 dr. d'herbe pèsent, quand elle est sèche — 34 dr.					
Le produit de l'espace ci-dessus — 272 dr.	185130	0 =	11570	10	0
Le poids perdu dans le séchage du produit d'un acre............	15654		6	0	

64 dr. d'herbe donnent de matière

nutritive   2.3 dr. } onces   ou liv. par acre.
Le produit de l'espace ci-dessus   272 dr. } 1817 3 = 1169 13 5

Le produit de la dernière coupe est

Herbe 14 onces. Le produit par acre   152460 0 = 9528 12 0
64 dr. d'herbe donnent de matière
nutritive.   1.2 dr. 3573 4 =   223 5 4

LXXII. *Elymus arenarius.* Bot. angl. 1672.
Elyme des sables. Indigène en Angleterre.

A l'époque de la maturité de la graine, le produit d'une glaise argileuse est

Herbe 64 onces. Le produit par acre   696960 0 = 43560 0   0
80 dr. d'herbe pèsent, quand elle est
   sèche   45 dr. } 392040 0 = 24502 8   0
Le produit de l'espace ci-dessus   576 dr. }

Le poids perdu dans le séchage du

produit d'un acre. . . . . o   18957 8 o

64 dr. d'herbe donnent de matière

nutritive   5 dr.
Le produit de l'espace ci-dessus   80 dr. } 54450 o = 5403 2 o

LXXIII. *Elymus geniculatus*. Bot. angl. 1586.

Elyme coudée. Indigène dans la Grande-Bretagne.

A l'époque de la floraison, le produit d'un sol sablonneux est

Herbe 30 onces. Le produit par acre   326700 o = 20418 12 o

80 dr. d'herbe pèsent, quand elle est

sèche   32 dr.
Le produit de l'espace ci-dessus   192 dr. } 130680 o = 8167 8 o

Le poids perdu dans le séchage du

produit d'un acre. . . . . 12251 4 o

64 dr. d'herbe donnent de matière
nutritive   3.1 dr.

Le produit de l'espace ci-dessus   24.1 ½

$$16590 \quad 3 = 1036 \quad 14 \quad 3$$
(onces — ou liv. par acre.)

LXXIV. *Bromus inermis*. Host. G. A. 1. t. 9.

Brome sans arête. Indigène en Allemagne ; introduit en Angleterre par M. Hunneman, en 1794.

A l'époque de la maturité de la graine, le produit d'un sol sablonneux noirâtre est

Herbe 18 onces. Le produit par acre   196020   0 = 12251   4   0

80 dr. d'herbe pèsent, quand elle est
sèche   35 dr.

Le produit de l'espace ci-dessus   126 dr.

$$85758 \quad 12 = 5359 \quad 14 \quad 12$$

Le poids perdu dans le séchage du
produit d'un acre 6891   5   4

64 dr. d'herbe donnent de matière

nutritive 4.1 dr.

Le produit de l'espace ci-dessus 19.0 $\frac{1}{5}$ } 15016 15 = 813 8 15 (onces / ou liv. par acre.)

Le produit de la dernière coupe est

Herbe 13 onces. Le produit par acre 141570 0 = 8848 2 0

64 dr. d'herbe donnent de matière

nutritive 1.1 dr. 2765 0 = 172 13 0

LXXV. *Agrostis vulgaris.* Wither. Bot. 2, 132. Hud. A. *Capilaris,* docteur Smith. A. *Arenaria.*

Agrostis commun. Indigène en Angleterre.

A l'époque de la maturité de la graine, le produit d'un sol sablonneux est

Herbe 14 onces. Le produit par acre 152460 0 = 9528 12 0

80 dr. d'herbe pèsent, quand elle est

sèche 40 dr.

Le produit de l'espace ci-dessus 112 dr. } 76230 0 = 4764 6 0

Le poids perdu dans le séchage du
produit d'un acre. . . . . o   onces = en liv. par acre. 4764 6 0

64 dr. d'herbe donnent de matière
nutritive $1.2\frac{1}{16}$ dr.
Le produit de l'espace ci-dessus $5.1\frac{1}{16}$ dr.   4019 15 = 251 5 15

C'est une des plantes les plus communes et les plus pritannières de cette famille. Sous ce dernier rapport, elle l'emporte sur toutes les autres, mais elle le cède à plusieurs d'entre elles, soit pour le produit, soit pour la quantité de matière nutritive qu'elle contient. Comme les espèces de cette famille sont généralement rejetées par les agriculteurs, parce qu'elles ne fleurissent que tard, et que cette circonstance, ainsi que nous l'avons déjà observé, n'entraîne pas toujours un retard proportionnel dans le développement du feuillage, on peut mieux les apprécier en ne les considérant que sous le point de vue de leur feuillage hâtif.

	temps où elles fleurissent.		leur puissance nutritive.
Agrostis *vulgaris*	mi-avril.		1.2 ¼ dr.
palustris	une semaine plus tard.		2.3
stolonifera	deux	*idem*	3.2
canina	*idem*	*idem*	1.3
stricta	*idem*	*idem*	1.2
nivea	trois	*idem*	2
littoralis	*idem*	*idem*	3
repens	*idem*	*idem*	3
mexicana	*idem*	*idem*	2
fascicularis.	*idem*	*idem*	2

LXXVI. *Agrostis palustris*. Wither. Bot. 2. P. 129. Var. 2. alba.
Bot. angl. 1189 A. alba.

Agrostis des marais.

A l'époque de la floraison, le produit d'une terre marécageuse est

	onces.		ou liv. par acre.		
Herbe 15 onces. Le produit par acre	165350	6 =	10209	6	0
80 dr. d'herbe pèsent, quand elle est sèche　36 dr.					
Le produit de l'espace ci-dessus　108 dr.	73507	8 =	4594	3	8
Le poids perdu dans le séchage du produit d'un acre.	5615			2	8
64 dr. d'herbe donnent de matière nutritive　2.3 dr.					
Le produit de l'espace ci-dessus　10.1 ¼	7018	15 =	438	10	15

Au temps de la maturité de la graine, le produit est

	onces.		ou liv. par acre.		
Herbe 20 onces. Le produit par acre	217800	0 =	13612	8	0
80 dr. d'herbe pèsent, quand elle est sèche　32 dr.					
Le produit de l'espace ci-dessus　128 dr.	87120	0 =	5445	0	0

Le poids perdu dans le séchage du
produit d'un acre. 0   8167 8 0   (onces / en liv. par acre.)

64 dr. d'herbe donnent de matière
nutritive   2.5 dr.
Le produit de l'espace ci-dessus   13.3 dr.   9358 9 = 584 14 9

Le poids de la matière nutritive qui est
perdue en faisant la récolte pendant
la floraison , étant le quart de sa
valeur. 146 5 10

La valeur de l'herbe dans chaque coupe est égale.

LXXVII. *Panicum dactylon.* Bot. angl. 850. Host. G. A. 2. t. 18.
Chien-dent. Indigène en Angleterre.

A l'époque de la floraison , le produit d'une glaise sablonneuse fumée est
Herbe 46 onces. Le produit par acre   500940 0 = 31508 12 0

8o dr. d'herbe pèsent, quand elle est
sèche   56 dr.
Le produit de l'espace ci-dessus   531.0$\frac{4}{5}$ $\Big\}$ onces   ou liv. par acre.
     225423   0 $=$ 14088 15 0

Le poids perdu dans le séchage du pro-
duit d'un acre 17219 13 0

64 dr. d'herbe donnent de matière
nutritive   2 dr.
Le produit de l'espace ci-dessus   23 dr. $\Big\}$ 15654   6 $=$ 97866   6   0

LXXVIII. *Agrostis stolonifera..* Bot. angl. 1532. Wither. Bot. 2. 181.
(Fiorin, docteur Richardson).

Agrostis traçant. Indigène en Angleterre.

A l'époque de la floraison, le produit d'un sol marécageux est

Herbe 26 onces. Le produit par acre   283140   0 $=$ 17696   4   0
8o dr. d'herbe pèsent, quand elle est

sèche   35 dr. ⎫ onces   ou liv. par acre.
Le produit de l'espace ci-dessus   182 dr. ⎬ 127413 0 = 7963   5   0
Le poids perdu dans le séchage par
    le produit d'un acre. 9732 15 0
64 dr. d'herbe donnent de matière
    nutritive   3.2 dr. ⎫ 15484   3 =   967 12   3
Le produit de l'espace ci-dessus   22.3 dr. ⎭

A l'époque de la maturité de la graine, le produit est

Herbe 28 onces. Le produit par acre   304920 0 = 19057 8   0
80 dr. d'herbe pèsent, quand elle est
    sèche   36 dr. ⎫ 157214 0 = 8575 14   0
Le produit de l'espace ci-dessus   201.2 ⅖ ⎭
Le poids perdu dans le séchage du
    produit d'un acre. 10481 10 0
64 dr. d'herbe donnent de matière

		onces		ou liv.	par acer.
nutritive	5.2 dr.	} 16675	0 =	1042	5 5
Le produit de l'espace ci-dessus	24.2 dr.				

Le poids de matière nutritive perdue quand on fait la récolte au moment de la floraison, étant près d'un quatorzième de sa valeur. 74 7 2

LXXIX. *Agrostis stolonifera* Var. *angustifolia.*

Agrostis traçant, à feuilles étroites. Indigène en Angleterre.

A l'époque de la maturité de la graine, le produit d'un sol marécageux est

Herbe 24 onces. Le produit par acre　　　　26136o 0 = 16355 0 0

80 dr. d'herbe pèsent, quand elle est

sèche	36 dr.	} 117612	0 =	7350	12 0
Le produit de l'espace ci-dessus	172.3 $\frac{1}{5}$				

Le poids perdu dans le séchage par le produit d'un acre. 8984 4 0

64 dr. d'herbe donnent de matière
nutritive   5 dr. } onces   ou liv. par acre.
Le produit de l'espace ci-dessus   18 dr. } 12251   4 =   765   11   4
Le poids de matière nutritive donnée
par le produit d'un acre d'*agrostis
stolonifera*, étant à celui de la va-
riété comme 6 est à 8 276   8   1

Ces détails donneront à l'agriculteur la faculté de décider du mérite com-
paratif de cette herbe. Pour peu qu'on l'examine, on reconnaîtra qu'elle possède des qualités dignes d'attention, moindres cependant qu'on ne les avait
supposées d'abord, si on tient un compte exact de ses habitudes et des lieux
où elle croit.

LXXX. *Agrostis canina.* Bot. angl. 1856.
Agrostis des chiens. Indigène dans la Grande-Bretagne.

A l'époque de la floraison, le produit d'une glaise argileuse brune est

		onces			ou liv.	par acre.
Herbe 9 onces. Le produit par acre		98010	0	=	6125	10	0

80 dr. d'herbe pèsent, quand elle est
sèche 54 dr.}
Le produit de l'espace ci-dessus 63 ⅕ } 45013 0 = 2688 5 0

Le poids perdu dans le séchage par
le produit d'un acre 3437 5 0

64 dr. d'herbe donnent de matière
nutritive 2.2 dr.}
Le produit de l'espace ci-dessus 5.21 ½ } 5828 8 = 239 4 8

LXXXI. *Agrostis canina.* Var. *muticæ.*
Indigène en Angleterre.

A l'époque de la maturité de la graine, le produit d'un sol argileux est

Herbe 21 onces. Le produit par acre   228690 0 = 14293 2 0

80 dr. d'herbe pèsent, quand elle est
sèche . . . . 24 dr.

Le produit de l'espace ci-dessus . . 100.3 $\frac{1}{5}$

$$68607 \quad 0 = 4287 \quad 15 \quad 0$$

Le poids perdu dans le séchage du pro-
duit d'un acre. 10005 3 0

64 dr. d'herbe donnent de matière
nutritive . . . . 1.3 dr.

Le produit de l'espace ci-dessus . . 9.0 $\frac{1}{4}$

$$6253 \quad 5 = 390 \quad 13 \quad 3$$

Le poids de matière nutritive dont le
produit d'un acre de cette variété
excède celui de la variété qui pré-
cède. 151 8 11

LXXXII. *Agrostis stricta.* Curt. A. *Rabra.*

Agrostis serré. Indigène en Angleterre.

A l'époque de la maturité de la graine, le produit d'un sol marécageux est

	onces		ou liv.	par acre.

Herbe 11 onces. Le produit par acre ... 119790 0 = 7486 14 0

80 dr. d'herbe pèsent, quand elle est sèche ... 29 dr.

Le produit de l'espace ci-dessus ... 63 $\frac{4}{5}$ } 43423 14 = 2713 15 0

Le poids perdu dans le séchage du produit d'un acre 4772 15 0

64 dr. d'herbe donnent de matière nutritive ... 1.2 dr.

Le produit de l'espace ci-dessus ... 4.0 $\frac{1}{10}$ } 2807 9 = 175 7 9

LXXXIII. *Agrostis nivea.*

Agrostis blanc. Indigène en Angleterre.

A l'époque de la maturité de la graine, le produit d'un sol sablonneux est

	onces		ou liv.	par acre.

Herbe 7 onces. Le produit par acre ... 7230 0 = 4764 6 0

80 dr. d'herbe pèsent, quand elle est
sèche . . . . 22 dr.
Le produit de l'espace ci-dessus . . 30.3 ¼

onces ou liv. par acre.
20965 4 = 1310 3 0

Le poids perdu dans le séchage du
produit d'un acre 3454 3 0

64 dr. d'herbe donnent de matière
nutritive . . . . 2 dr.
Le produit de l'espace ci-dessus . . 3 ½ dr.

2382 3 = 148 14 3

LXXXIV. *Agrostis fascicularis*. Huds. Var. *canina*.. Curt.

Agrostis fasciculaire. Indigène en Angleterre.

A l'époque de la floraison, le produit d'un sol sablonneux léger est

Herbe 4 onces. Le produit par acre . . . . . 45560 0 = 2722 8 0

80 dr. d'herbe pèsent, quand elle est
sèche . . . . 20 dr.
Le produit de l'espace ci-dessus. . 16 dr.

10890 0 = 680 10 0

Le poids perdu dans le séchage du produit d'un acre. 0   ~ onces   ou liv. par acre. 2041 14 0

64 dr. d'herbe donnent de matière

nutritive   2 dr. }

Le produit de l'espace ci-dessus   2 dr. }   1561 4 = 85 1 4

LXXXV. *Festuca pinnata. Bromus pinnatus.* Bot. angl. 730. Festuque pennée. Indigène en Angleterre.

A l'époque de la maturité de la graine, le produit d'un sol sablonneux léger, avec engrais, est

Herbe 50 onces. Le produit par acre   326700 0 = 20418 12 0

80 dr. d'herbe pèsent, quand elle est

sèche   52 dr. |

Le produit de l'espace ci-dessus   192 dr. | 150680 0 = 8167 8 0

Le poids perdu dans le séchage du pro-

duit d'un acre 12251 4 0

64 dr. d'herbe donnent de matière
nutritive   1.1 dr.
Le produit de l'espace ci-dessus   9.1 ¾

$$6580 \; 15 = 398 \; 12 \; 15 \text{ (onces ou liv. par acre.)}$$

LIX. *Panicum viride*. Curt. Lond. Bot. angl. 875.

Panis verd. Indigène en Angleterre.

A l'époque de la maturité de la graine, le produit d'un sol sablonneux léger est

Herbe 8 onces. Le produit par acre   87120 0 = 5445 0 0 (onces ou liv. par acre.)

80 dr. d'herbe pèsent, quand elle est
sèche   32 dr.
Le produit de l'espace ci-dessus,   51 ⅕

$$34848 \; 0 = 2178 \; 0 \; 0$$

Le poids perdu dans le séchage du pro-
duit d'un acre 3267 0 0

64 dr. d'herbe donnent de matière

		onces	ou liv. par acre.
nutritive	1.2 dr. ⎫		
Le produit de l'espace ci-dessus	5 dr. ⎬ 2041 14 =	127	9 14

LXXXVII. *Panicum sanguinale*. Curt. Lond. Bot. angl. 849.

Panis sanguin. Indigène en Angleterre.

A l'époque de la maturité de la graine, le produit d'un sol sabonneux est

		onces	ou liv. par acre.
Herbe 10 onces. Le produit par acre		108900 0 = 6806	4 0
64 dr. d'herbe donnent de matière			
nutritive	$1.0 \frac{2}{16}$ 1914 4 =	119	10 4

Cette espèce et la précédente sont rigoureusement annuelles, et ne paraissent jouir que de très-faibles propriétés nutritives. Schreber décrit la graine de la première (in Beschreibung der Graser) comme l'herbe de la manne. En Pologne, en Lithuanie, etc., on en cueille des quantités considérables lorsqu'elle est tout-à-fait séparée de ses cosses, et qu'elle peut être employée. Bouillie avec du miel ou du vin, elle forme une nourriture très-agréable au goût. On en fait une grande consommation ; on la prépare à la manière du sagou, auquel on la préfère généralement.

LXXXVIII. *Agrostis lobata*. Curt. *Lobata et arenaria*.

Agrostis lobée.

A l'époque de la floraison, le produit d'un sol sablonneux est

		onces			ou liv.	par acre.
Herbe 10 onces. Le produit par acre		108900	0	=	6806	4	0
80 dr. d'herbe pèsent, quand elle est sèche	40 dr.						
Le produit de l'espace ci-dessus	80 dr.	54450	0	=	3403	2	0
Le poids perdu dans le séchage par le produit d'un acre					3403	2	0
64 dr. d'herbe donnent de matière nutritive	3 dr.						
Le produit de l'espace ci-dessus	7.2 dr.	5104	11	=	519	0	11

LXXXIX. *Agrostis repens*. Wither. Bot. angl. Agrostis nigra.

Agrostis rampant. Indigène en Angleterre.

A l'époque de la floraison, le produit d'une glaise argileuse est

	onces		ou liv.	par acre.
Herbe 9 onces. Le produit par acre	98010	0 = 6125	10	0

80 dr. d'herbe pèsent, quand elle est

| sèche | 35 dr. | | | |
| Le produit de l'espace ci-dessus | 63 dr. | } 42879 6 = 2679 | 15 | 0 |

Le poids perdu dans le séchage du

produit d'un acre. 3445 10 10

64 dr. d'herbe donnent de matière

| nutritive | 3 dr. | | | |
| Le produit de l'espace ci-dessus | 6.5 dr. | } 4594 3 = 287 | 2 | 5 |

XC. *Agrostis mexicana*. Hort. Kew. 1. p. 150.

Agrostis du Mexique. Indigène dans l'Amérique du sud. Introduit en Angleterre par M. G. Alexandre, en 1780.

A l'époque de la floraison, le produit d'un sol sablonneux noirâtre est

	onces		ou liv.	par acre.
Herbe 28 onces. Le produit par acre.	504920	0 =	19057	8	0
80 dr. d'herbe pèsent, quand elle est sèche 28 dr.	106722	0 =	6670	2	0
Le produit de l'espace ci-dessus. 156.3 ¼					
Le poids perdu dans le séchage du produit d'un acre.			12387	6	0
64 dr. d'herbe donnent de matière nutritive 2 dr.	9528	12 =	595	8	12
Le produit de l'espace ci-dessus 14 dr.					

XCI. *Stupa penata*. Bot. angl. 1356.

Stipe plumeux. Indigène en Angleterre.

A l'époque de la floraison, le produit d'un sol de bruyères est

Herbe 14 onces. Le produit par acre	152460	0 =	9528	12	0

80 dr. d'herbe pèsent, quand elle est
sèche   29 dr.
Le produit de l'espace ci-dessus   81 $\frac{1}{5}$

onces   ou liv.   par acre.

55266 12 = 3454   2   12

Le poids perdu dans le séchage par
le produit d'un acre. 6074   9   4

64 dr. d'herbe donnent de matière
nutritive   2.3 dr.
Le produit de l'espace ci-dessus   9.2 $\frac{1}{2}$

6551   0 = 409   7   0

XCII. *Triticum repens*. Bot. angl. 909.

Froment rampant. Indigène en Angleterre.

À l'époque de la floraison, le produit d'une glaise argileuse légère est

Herbe 18 onces. Le produit par acre   196020   0 = 12251   4   0

80 dr. d'herbe pèsent, quand elle est
sèche   32 dr.
Le produit de l'espace ci-dessus   115 $\frac{1}{5}$

78408   0 = 4900   8   0

Le poids perdu dans le séchage du   onces   ou liv. par acre.

produit d'un acre 7350 12   0

64 dr. d'herbe donnent de matière

nutritive   2 dr. } 6125 10 =   382 15 10
Le produit de l'espace ci-dessus   9 dr. }

64 dr. de racines donnent de matière nutritive 5.3 dr. La valeur des racines

est en conséquence à celle de l'herbe comme 23 est à 8.

XCIII. *Alopecurus agrestis*. Bot. Angl. 848. A. Myosuroïdes.

Alopécure des champs. Indigène en Angleterre. Curt. Lond.

A l'époque de la floraison, le produit d'une glaise sablonneuse légère est

Herbe 12 onces. Le produit par acre   130680   0 =   8167   8   0

80 dr. d'herbe pèsent, quand elle est

sèche   31 dr. }
Le produit de l'espace ci-dessus   74.1 $\frac{1}{5}$ } 50638   8 =   3164 14   8

64 dr. d'herbe donnent de matière nutritive 1.3 dr.
Le produit de l'espace ci-dessus 5.1 dr.

onces = on liv. par acre.
3573 4 = 223 5 4

XCIV. *Bromus asper*. Bot. angl. 1172. Curt. Lond. *Bromus hirsutus*. Huds. *Bromus ramosus*. *Bromus sylvaticus*, volger. *Bromus altissimus*.

Brome rude. Indigène en Angleterre.

A l'époque de la floraison, le produit d'un sol sablonneux léger est

Herbe 20 onces. Le produit par acre 217800 0 = 13612 8 0

80 dr. d'herbe pèsent, quand elle est sèche 24 dr.
Le produit de l'espace ci-dessus. 96 dr.

65340 0 = 4083 12 0

Le poids perdu dans le séchage du produit d'un acre 9528 12 0

64 dr. d'herbe donnent de matière

nutritive   2 dr. }
Le produit de l'espace ci-dessus   10 dr. }   6806 4 = 425 6 4

XCV. *Phalaris Canariensis*. Bot. angl. 1310.

Alpiste des Canaries. Indigène en Angleterre.

A l'époque de la floraison, le produit d'une glaise argileuse est

Herbe 80 onces. Le produit par acre   871200 0 = 54450 0 0

80 dr. d'herbe pèsent, quand elle est
  sèche   26 dr. }
Le produit de l'espace ci-dessus   416 dr. } 283177 8 = 17697 9 8

Le poids perdu dans le séchage du
  produit d'un acre 36752 6 6

64 dr. d'herbe donnent de matière
  nutritive   1.2 dr. }
Le produit de l'espace ci-dessus   30   dr. } 20418 12 = 1876 2 12

XCVI. *Melica cærulea*. Curt. Lond. Bot. angl. 750.

Mélica bleu. Indigène en Angleterre.

A l'époque de la floraison, le produit d'un sol sablonneux léger est

		onces			ou liv. par acre.	
Herbe 11 onces. Le produit par acre		119790	0	=	7486	14	0
80 dr. d'herbe pèsent, quand elle est sèche	30 dr.						
Le produit de l'espace ci-dessus	66 dr.	44921	4	=	2807	9	4
Le poids perdu dans le séchage du produit d'un acre					4679	4	2
64 dr. d'herbe donnent de matière nutritive	1.2 dr.						
Le produit de l'espace ci-dessus	4.0 $\frac{2}{4}$	2756	8	=	172	4	8

XCVII. *Dactilis cynosuroïdes*. Lin. Fil. Fasci. 1. p. 17.

Faux cynosurus. Indigène dans l'Amérique septentrionale.

A l'époque de la floraison, le produit d'une glaise argileuse est

	onces		ou liv.	par acre.	
Herbe 102 onces. Le produit par acre.	111780	0 =	69423	1	0
80 dr. d'herbe pèsent, quand elle est sèche 48 dr.					
Le produit de l'espace ci-dessus 979 $\frac{1}{7}$	666468	0 =	41654	4	0
Le poids perdu dans le séchage du produit d'un acre	27769	8			0
64 dr. d'herbe donnent de matière nutritive. 1.3 dr.					
Le produit de l'espace ci-dessus. 44.2 $\frac{3}{4}$	30372	0 =	1898	4	0

DE L'ÉPOQUE A LAQUELLE DIFFÉRENTES HERBES
PRODUISENT DES FLEURS ET DES GRAINES.

On ne peut assiguer d'une manière positive l'époque où une herbe donne constamment des fleurs ou des graines parfaitement mûres ; trop de circonstances accessoires s'y opposent ; chaque espèce semble jouir d'une vie particulière dont les phases sont distinctes suivant l'âge, les saisons, les sols, l'exposition et le mode de culture.

La table suivante, qui indique le temps où les herbes cultivées à Woburn fleurissent et donnent des semences en maturité, doit être considérée comme un terme de comparaison pour les diverses graminées qui végètent dans des circonstances analogues.

NOMS.	ÉPOQUE de la floraison.	ÉPOQUE de la maturité de la graine.
Anthoxanthum odoratum..	29 Avril.	21 Juin.
Holcus odoratus.........	29 *Idem.*	25 *Idem.*
Cynosurus cœruleus......	30 *Idem.*	20 *Idem.*
Alopecurus pratensis......	20 Mai.	24 *Idem.*
Alopecurus alpinus.......	20 *Idem.*	24 *Idem.*
Poa alpina.............	30 *Idem.*	30 *Idem.*
Poa pratensis..........	30 *Idem.*	14 Juillet.
Poa cœrulea...........	30 *Idem.*	14 *Idem.*
Avena pubescens........	13 Juin.	8 Juillet.
Festuca hordiformis......	13 *Idem.*	10 *Idem.*
Poa trivialis...........	13 *Idem.*	10 *Idem.*
Festuca glauca.........	13 *Idem.*	10 *Idem.*
Festuca glabra.........	16 *Idem.*	10 *Idem.*
Festuca rubra..........	20 *Idem.*	10 *Idem.*
Festuca ovina..........	24 *Idem.*	10 *Idem.*
Briza media...........	24 *Idem.*	10 *Idem.*
Dactylis glomerata......	24 *Idem.*	14 *Idem.*
Bromus tectorum.......	24 *Idem.*	16 *Idem.*
Festuca cambrica.......	28 *Idem.*	16 *Idem.*
Bromus diandrus.......	28 *Idem.*	16 *Idem.*
Poa angustifolia.......	28 *Idem.*	16 *Idem.*
Avena elatior.........	28 *Idem.*	16 *Idem.*
Poa elatior...........	28 *Idem.*	16 *Idem.*
Festuca duriuscula......	1 Juillet.	20 *Idem.*
Milium effusum........	1 *Idem.*	20 *Idem.*
Festuca pratensis.......	1 *Idem.*	20 *Idem.*
Lolium perenne........	1 *Idem.*	20 *Idem.*
Cynosurus cristatus......	6 *Idem.*	28 *Idem.*
Avena pratensis........	6 *Idem.*	20 *Idem.*
Bromus multiflorus......	6 *Idem.*	28 *Idem.*
Poa aquatica..........	20 *Idem.*	8 Août.
Bromus cristatus.......	24 *Idem.*	10 *Idem.*
Elymus Sibericus.......	24 *Idem.*	10 *Idem.*

NOMS.	ÉPOQUE DE la floraison.		ÉPOQUE de la maturité de la graine.	
Aira cœspitosa.	24	Juillet.	10	Août.
Avena flavescens.	24	Idem.	15	Idem.
Bromus sterilis	24	Idem.	20	Idem.
Holcus mollis.	24	Idem.	20	Idem.
Bromus inermis.	24	Idem.	20	Idem.
Agrostis vulgaris	24	Idem.	20	Idem.
Agrostis palustris	28	Idem.	28	Idem.
Panicum dactylon.	28	Idem.	28	Idem.
Agrostis stolonifera	28	Idem.	28	Idem.
Agrostis stolonifera (var.).	28	Idem.	28	Idem.
Agrostis canina.	28	Idem.	28	Idem.
Agrostis stricta.	28	Idem.	30	Idem.
Festuca loliacea.	1	Juillet.	28	Juillet.
Poa cristata.	4	Idem.	28	Idem.
Festuca myurus.	6	Idem.	28	Idem.
Aira flexuosa.	6	Idem.	28	Idem.
Hordeum bulbosum.	10	Idem.	28	Idem.
Festuca calamaria.	10	Idem.	28	Idem.
Bromus littoreus.	12	Idem.	6	Août.
Festuca elatior.	12	Idem.	6	Idem.
Nardus stricta	12	Idem.	6	Idem.
Trilicum (species).	12	Idem.	10	Idem.
Festuca fluitans	14	Idem.	12	Idem.
Festuca dumetorum	14	Idem.	20	Juillet.
Holcus lanatus.	14	Idem.	26	Idem.
Poa fertilis	14	Idem.	28	Idem.
Arundo colorata.	16	Idem.	28	Idem.
Poa (species).	16	Idem.	30	Idem.
Cynosurus eruccæformis	16	Idem.	30	Idem.
Phleum nodosum	16	Idem.	30	Idem.
Phleum pratense.	16	Idem.	30	Idem.
Elymus arenarius.	16	Idem.	30	Idem.
Elymus geniculatus.	18	Idem.	30	Idem.

NOMS.	ÉPOQUE de la floraison.	ÉPOQUE de la maturité de la graine.
Trifolium pratense	18 Juillet.	3o Juillet.
Trifolium macrorhizum. . .	18 *Idem.*	3o *Idem.*
Sanguisorba Canadensis. . .	18 *Idem.*	3o *Idem.*
Bunias orientalis.	18 *Idem.*	3o *Idem.*
Medicago sativa	18 *Idem.*	6 Août.
Hedysarum anobrychis . . .	18 *Idem.*	8 *Idem.*
Hordeum pratense	20 *Idem.*	8 *Idem.*
Poa compressa.	20 *Idem.*	8 *Idem.*
Festuca pennata.	28 *Idem.*	3o *Idem.*
Panicum viride	2 Août.	15 *Idem.*
Panicum sanguinale.	6 *Idem.*	20 *Idem.*
Agrostis lobata.	6 *Idem.*	20 *Idem.*
Agrostis repens.	8 *Idem.*	25 *Idem.*
Agrostis fascicularis.	10 *Idem.*	3o *Idem.*
Agrostis nivea	10 *Idem.*	3o *Idem.*
Triticum repens.	10 *Idem.*	3o *Idem.*
Alopecurus agrestis.	10 *Idem.*	8 Septem.
Bromus asper.	10 *Idem.*	10 *Idem.*
Agrostis Mexicana.	15 *Idem.*	25 *Idem.*
Stippa pennata.	15 *Idem.*	25 *Idem.*
Melica cœrulea.	20 *Idem.*	3o *Idem.*
Phalaris Cananiensis	3o *Idem.*	3o *Idem.*
Dactylis cynosuroïdes (1) .	3o *Idem.*	20 Octobr.

(1) Dans les expériences faites pour déterminer la quantité de matière nutritive contenue dans les herbes coupées à l'époque de la maturité de la graine, les semences étaient toujours séparées; et les calculs relatifs à la matière nutritive se rapportent, ainsi que le prouvent ces détails, à l'herbe et non au foin.

Des différens sols dont il est question dans cet Appendice.

Il y a dans les livres d'agriculture et de jardinage beaucoup de confusion et d'incertitude, faute de définitions qui caractérisent d'une manière exacte les différens sols. Les dénominations dont on fait communément usage, ne sont pas assez précises pour faire sentir les différences de composition qu'ils présentent : c'est pourquoi je vais exposer en peu de mots ce que signifient les termes employés ci-dessus.

On entend par glaise la combinaison d'une terre avec des substances animales décomposées ou des matières végétales.

La glaise argileuse est celle où l'argile prédomine.

La glaise sablonneuse, celle où le sable est en excès.

La glaise brunâtre est celle qui contient la plus grande proportion de matière végétale décomposée.

La riche glaise brunâtre est celle qui résulte de la combinaison à doses inégales de sable, d'argile, de matières végétales et animales.

L'argile est en poussière et en petite quantité ; le sable et la matière végétale abondent au contraire.

Les expressions, *sol sablonneux léger*, *glaise brunâtre légère*, etc., sont des variétés de ceux dont il vient d'être question.

NOTES.

A. Les propriétés de l'urine sont connues depuis
long-temps. Les anciens en faisaient usage pour exciter
la croissance des arbres, les préserver des ravages des
insectes, et augmenter la récolte de la vigne.

« L'urine de l'homme, vieillie pendant six mois, dit
» Columelle, est excellente pour les arbres. Il n'y a
» rien qui fasse foisonner davantage le fruit, que d'en
» arroser les vignes et les arbres à fruit. Non-seule-
» ment elle en augmente le produit, mais elle donne
» encore, tant aux vins qu'aux fruits, un goût plus fin
» et une meilleure odeur (1).

» On peut aussi se servir de vieille lie d'huile sans sel
» pour arroser les arbres à fruit et surtout les oliviers,
» en la coupant avec cette urine, quoique, employée
» seule, elle leur soit aussi très-bonne.

» Au surplus, on se sert de ces deux liqueurs princi-
» palement pendant l'hiver, et encore pendant le prin-
» temps avant les chaleurs de l'été, pourvu cependant

----

(1) *Aptior tamen est stercilis hominis urina quam sex mensibus
passus fueris vetenascere. Si vitibus aut pomorum arboribus adhi-
beas, nullo alio magis fructus exuberat; nec solum ea res majo-
rem facit proventum sed etiam saporem et odorem vini pomorun-
que reddit meliorem.*

De Re rustica, l. II. c. 15.

» qu'on ait préalablement déchaussé les vignes et les
» arbres. (Liv. II , chap. 15.) »

Pline avait déjà observé que les produits de la décomposition de l'urine garantissent les plantes des ravages des insectes. « L'urine passe pour n'être pas moins bonne que la lie d'huile , soit pour nourrir les arbres , soit pour préserver les vignes des chenilles , pourvu , selon Caton , qu'on y ajoute une égale quantité d'eau. »

Palladius n'est pas moins positif à ce sujet. « Si l'on jette, dit-il , de vieille urine au pied des arbres fruitiers et des ceps de vigne , ils rapporteront des fruits remarquables par leur quantité et leur beauté. (Liv. 3, ch. 8). »

La justesse de cette observation a été reconnue en Angleterre ; les pommes de rainette du comté de Kent, si délicieuses , tant qu'elles avaient été cultivées par la méthode de Palladius , étaient tout-à-fait dégénérées depuis que les pommiers ne recevaient plus d'urine ; et au rapport de M. Mortimer , l'espèce en serait totalement perdue , si quelques personnes ne s'étaient remises à l'ancienne manière qui , comme le savent les jardiniers et les engraisseurs de bétail , consiste à arroser, deux ou trois fois dans le mois de mars, les pommiers moussus, mangés de vers, chancreux, et mal-sains, avec de l'urine de bœuf, etc.

L'urine n'est pas moins efficace pour engraisser et féconder la terre. Les substances qu'on emploie communément pour l'amender , deviennent plus actives et plus puissantes lorsqu'elles sont mélangées avec ce liquide. Les expériences de Tschiffeli ne laissent aucun doute à cet égard. Il fit un composé de trois parties

d'eau commune sur une d'urine, et de fientes de bestiaux, auquel il laissa le temps de fermenter le plus possible. « Il partagea ensuite un terrain de 16,000 pieds
» carrés, en quatre portions égales. C'était une pièce
» de trèfle qui avait été semée avec de l'avoine deux
» ans auparavant sur une légère fumure, et qui
» devait être renversée en automne. Au moins d'avril,
» il sema à la main un pied cube de gypse calciné sur
» un des carrés de 4,000 pieds.

» Sur le deuxième, il sema autant de chaux vive.

» Sur le troisième, quatre pieds cubes de bonne
» marne séchée au four et pilée.

» Il arrosa le quatrième avec l'engrais liquide, dûment fermenté, dans lequel il avait mêlé un demi-
» pied cube de gypse calciné, et remué pendant huit
» jours à diverses reprises, pour lier, autant que possible, ces diverses matières. La partie liquide faisait
» la valeur de trois cents pintes, mesure de Paris.

» Le temps était beau lorsqu'il fit ces quatre essais;
» peu de jours après, il se mit à la pluie; et au bout
» d'une semaine, on en vit distinctement les divers effets
» que je ne décrirai point ici en détail. Il suffit d'observer que vingt jours après l'arrosement, le trèfle
» n° 4 avait près de 3o pouces de haut, tandis que
» le n° 1 en avait à peine 2o, et les n°s 2 et 3 étaient
» à peine à un pied. Cette proportion se soutint durant tout le courant de l'été et de l'arrière-saison.
» Tschiffeli fit cinq belles coupes de trèfle sur le n° 4;
» seulement trois, dont la dernière était médiocre,
» sur le n° 1; et deux coupes assez faibles les n°s 2 et 3. »
Voilà un fait, dit M. François de Neuchâteau, dans
son Supplément au Rapport sur les fosses mobiles et ino-

dores, d'où cette note est extraite, qui prouve que
l'urine a ajouté beaucoup à la vertu fertilisante du
gypse employé sur les trèfles. Ce fait seul serait important, car le trèfle est une des plantes les plus intéres-
santes de l'agriculture moderne.

L'urine n'est pas moins favorable à la pomme-de-
terre. Engel s'est convaincu, par de nombreuses expériences sur la culture de ce tubercule, que, « de tous
les engrais, il n'en est point de plus puissans que les
urines et l'égout des fumiers ; aussi, dans le canton de
Zurick, par le soin qu'on y a d'en faire usage, a-t-on
fait des profits incroyables ; mais comme il n'est que
trop fort, il ne faut l'employer qu'avec beaucoup de
circonspection ; car dans les temps secs et en été, il serait très-nuisible si l'on n'y mêlait pas de l'eau, quoique
quelque temps après il manifesterait sa vertu. Mais s'il
s'agit de le répartir sur le terrain qu'on destine aux
pommes-de-terre, comme cela ne se fait qu'en automne
et en hiver, qu'il a tout le temps de s'affaiblir dans
cette dernière saison, et de pénétrer également par-
tout, l'on s'apercevra, le printemps et l'été suivans,
de ses prodigieux effets. »

Arthur Young a fait de nombreux essais dans le dessein de déterminer quelles sont les substances qui conviennent davantage à la culture de la pomme-de-terre.
Il a fait usage,

Du fumier de ferme ;
De cendres de bois ;
De chaux éteinte ;
De fumier de litière ;
D'urine et d'eau de savon prises à parties égales ;
De paille d'orge ;

De potasse ;

De fumier ordinaire, avec du sel ;

Du fumier ordinaire, avec de la chaux ;

Enfin, du fumier ordinaire avec de l'urine.

Les pommes-de-terre furent plantées dans la dernière semaine de mars. A la récolte, le plus grand produit fut celui de la portion de terre où l'engrais était mêlé avec l'urine.

Traduction des OEuvres d'Arthur Young, t. 13, p. 269.

«L'urine de tous les animaux, est-il dit dans le Traité des engrais publié par M. Maurice, a beaucoup d'effet lorsqu'elle est répandue sur les prés ou les jeunes plantes des champs, au printemps ; elle ne manque jamais de produire alors une végétation hâtive et très-abondante. Il paraît cependant que la manière la plus convenable de l'employer, est de s'en servir pour arroser un compost formé avec la terre ou la tourbe et un peu de chaux. Ce mélange fait un bon engrais pour la plupart des terres, et surtout pour les terrains légers, sablonneux ou graveleux.

» On pourrait employer une grande quantité des urines qui se perdent, et assurer une récolte ou deux à chaque fois qu'on appliquerait cette substance comme on vient de l'indiquer. Auprès des fermes et dans les villes, on pourrait rassembler l'urine et les excrémens dans des réservoirs, avec la plus grande facilité. C'est dans quelques pays un objet de police, et on aurait peine à imaginer de quel avantage cela est pour le public. Les fermiers voisins emportent cette substance dans des tonneaux, pour la répandre immédiatement dans les champs, ou pour en faire des mélanges avec de la terre ou d'autres matières. »

« Il n'y a point de nation qui n'ait senti l'importance dont était pour l'agriculture l'objet dont il s'agit. A Rome, l'on voit les généraux les plus fameux tenir les cornes de la charrue, et se glorifier, au milieu des chants de la victoire, du titre d'habile agriculteur. Auraient-ils pu, sur le peu d'arpens qu'ils possédaient, se procurer de quoi entretenir eux et leurs familles, s'ils n'avaient pas apporté les plus grands soins dans la préparation et l'emploi des différens engrais ; art qu'ils entendaient à merveille, et dans lequel les cultivateurs de l'ancienne Italie étaient particulièrement versés (1). Les agriculteurs de la Flandre, dans des temps plus modernes, ont rivalisé avec eux à cet égard. Mais les uns et les autres ont peut-être été surpassés par les Chinois et les Japonois, qui portent leur attention là-dessus à un point que l'on a de la peine à croire ; ces derniers, suivant Tunberg, laissent leurs bestiaux toute l'année à l'étable pour obtenir beaucoup de fumier. Les vieillards et les enfans sont toujours occupés, sur les grandes routes, à ramasser les crottes des chevaux. Les urines sont très-recherchées ; on les recueille avec soin dans des vases enterrés au niveau du sol, dans les villages et sur les bords des chemins. Ils ne transportent pas leurs engrais sur les jachères, en hiver ou en été, persuadés qu'ils doivent perdre de leur force par l'évaporation ; mais ils font des mélanges en forme de bouillie, dont ils arrosent chaque plante. Sans des précautions semblables, ces pays, quelque fertiles qu'ils soient natu-

---

(1) Les anciens regardèrent la découverte des engrais comme un objet si important, qu'ils l'attribuaient à Saturne. *Macrob. Saturn.* L. I. C. VII.

rellement, ne pourraient pas subvenir aux besoins de leur immense population.

B. La poudrette n'était pas inconnue aux anciens. Au rapport de Pline, ils transformaient en cette substance jusqu'au fumier des bestiaux.

« Dans certaines provinces, singulièrement abondantes en bétail, pour se servir de fumier, on le crible comme la farine après l'avoir fait sécher. De cette manière, il perd à la longue sa mauvaise odeur et son aspect dégoûtant ; il devient même assez agréable à la vue (1). »

« Cette farine de fumier, que l'on passait au crible, dit M. le comte François de Neuchâteau, semblerait vraiment l'origine de *notre poudrette*, dont les Géoponiques, écrites long-temps après Pline, donnent une recette encore plus exacte. Les auteurs de ce livre grec disent qu'après la colombine, c'est le fumier de l'homme qui a la préférence, parce que c'est celui qui en approche davantage ; que cependant appliqué frais, il peut brûler les herbes ; mais que les Arabes savent le mitiger ainsi qu'il suit : Ils le sèchent d'abord une première fois, le macèrent dans l'eau, et le font ressécher ensuite ; ils le croient alors très-propre pour les vignes. Voilà donc la poudrette bien anciennement connue et même raffinée ! Les voyageurs modernes nous apprennent que les Arabes suivent toujours cette méthode. »

---

(1) *Visum jamque est apud quosdam provincialium, in tantum abondante geniali copia pecudum, farinæ vice cribris superinjici (fimum) fœtore aspectuque, temporis viribus, in quandam etiam gratiam mutato.* Pline, *lib. XVII de Cineris usu et de Fimo*, etc.

C. M. Mirbel a traité cette question avec beaucoup d'étendue, dans les Élémens de Physique végétale et de Botanique. Le chapitre de la dissémination des graines est des plus intéressans qu'on puisse lire. Quoique un peu long, le morceau suivant, qui en est extrait, ne paraîtra pas déplacé dans cet ouvrage.

« La cause la plus puissante de la stabilité des races est sans doute l'extrême fécondité des plantes. Au rapport de sir Digby, les pères de la doctrine chrétienne conservaient à Paris, vers 1660, un pied d'orge qui avait poussé quarante-neuf tiges chargées de plus de 18,000 graines. Rai en a compté 32,000 sur un pied de pavot, et 360,000 sur un pied de tabac. Selon Dodard, un orme en donna 529,000. Mais il s'en faut bien que le pavot, le tabac et l'orme soient les végétaux les plus féconds. Le nombre des graines que produit un pied de *begonia*, de vanille, et surtout de fougère, étonne l'imagination.

S'il est beaucoup de graines, telles que celles de l'angélique, de la fraxinelle, du cafayer qui se détériorent en peu de temps, et que pour cette raison on doit semer sans retard après la récolte, il en est un bien plus grand nombre qui conservent pendant des années, et même pendant des siècles, leur propriété germinative.

Dernièrement, on a vu se développer des haricots tirés de l'herbier de Tournefort. Home a semé, avec un plein succès, des grains d'orge recueillis depuis 140 ans. On a découvert, dans des matamores oubliés depuis un temps immémorial, des blés aussi sains qu'au moment où ils avaient été détachés de l'épi.

A la vérité, les insectes, les oiseaux, les quadrupèdes sont de grands consommateurs de graines ; mais elles sont trop nombreuses pour qu'ils puissent les dévorer toutes. Il en est même auxquelles ils ne touchent jamais, à cause de la dureté de leurs enveloppes ou des épines dont elles sont hérissées, ou des sucs acres et corrosifs, dont leur tissu est rempli.

La dissémination des graines qui favorise le développement des individus, en empêchant qu'ils ne se rassemblent en trop grand nombre sur un terrain trop resserré, s'opère par différens moyens. Les valves du péricarpe de la balsamine, du *dionæa*, de la fraxinelle, du *hura crepitans*, etc., se disjoignent subitement par force de ressort, et projettent les graines à quelque distance de la plante-mère. Le pépon du *momordica elatorium* se contracte au moment où il se détache du pédoncule ; et par une ouverture pratiquée à sa base, il lance ses graines et son suc corrosif. La graine de l'*oxalis* est contenue dans un arille extensible qui se dilate d'abord à proportion que le fruit se développe ; mais il arrive un moment enfin où cette poche ne pouvant plus s'étendre, se déchire et chasse la graine par un mouvement élastique. Les plantes d'un ordre inférieur, telles que les champignons, ont aussi des moyens de disséminer leurs poussières génératrices. Ainsi, quelques pezizes secouent leurs chapeaux quand les seminales, dont il est couvert, sont arrivées à maturité. Les vesse-de-loups, autres champignons, se percent à leur sommet comme un cratère ; et leurs seminales sont si nombreuses et si fines, qu'au moment où elles s'échappent, elles ressemblent à une épaisse fumée. Les ovaires des fougères s'ouvrent par secousses, effet naturel de la contraction de leur tissu, quand il vient à se dessécher. Une cause analogue fait mouvoir les cils qui bordent l'orifice de l'urne des mousses. Ces phénomènes particuliers très-curieux, sans doute, ne jouent pourtant pas un grand rôle dans la dissémination. Il est des causes plus générales et plus puissantes dont je vais vous entretenir.

Beaucoup de semences sont fines et légères comme les graines du pollen ; les vents les emportent et les déposent sur les plaines, les montagnes, les édifices, et jusqu'au fond des cavernes. Aucun réduit ne paraît assez clos pour interdire l'entrée aux séminales impalpables des moisissures.

Des graines et des fruits plus pesans sont munis d'ailes qui les soutiennent dans les airs et leur servent à franchir des distances considérables. La carcérule de l'orme est bordée d'une aile circulaire ; celle du frêne se termine par une aile alongée. La diérésile de l'érable a deux grandes ailes latérales. La cupule du pin, du sapin, du cèdre, du mélèze se prolonge à sa partie inférieure en une aile extrêmement mince. Le pédoncule du tilleul est accolé à une sorte de bractée qui fait fonction d'aile.

Les cypsèles aigretées des synanthérées ressemblent à de petits volans. Les filets déliés qui composent leurs aigrettes, s'écartant par l'effet de la dessication, leur servent de leviers pour sortir de l'involucre qui les environne, et de parachute pour se soutenir dans l'atmosphère.

Linnée suppose que l'*erigeron canadense* est venu par les airs, de l'Amérique en Europe ; et certes, cela n'est pas impossible. Du moment que cette synanthérée est introduite dans un canton, elle se disperse et se ressème d'elle-même dans tous les lieux environnans.

Le funicule des graines de l'apocyn, de l'asclepias, du *periploca*, etc., le calice de beaucoup de valérianes et de scabieuses, forment d'élégantes aigrettes semblables à celles des synanthérées.

Les trombes de vents transportent bien loin du sol natal des graines de toute espèce. Quelquefois ces tourbillons impétueux couvrent tout-à-coup les campagnes maritimes du midi de l'Espagne, de graines originaires des côtes septentrionales de l'Afrique.

Il y a des fruits fermés hermétiquement et construits de telle manière, qu'ils peuvent voguer sur les eaux. Les torrens, les fleuves, la mer les transportent à des distances plus ou moins considérables. Les drupes du cocotier, les carcérules de l'*anacardium occidentale*, connues sous le nom de noix d'acajou; les gousses du *mimosa scandens*, qui ont jusqu'à deux mètres de longueur, et beaucoup d'autres fruits des pays chauds, sont jetées quelquefois sur les grèves de la Norwège. Sans doute, leurs graines se développeraient sur ce sol étranger, si la température des climats du nord pouvait convenir à des végétaux originaires des contrées brûlantes de l'équateur.

Des courans réguliers portent les doubles cocos des Séchelles sur les côtes du Malabar, à 400 lieues de la terre sur laquelle ils ont pris naissance. Souvent les fruits nautiques ont indiqué aux peuples sauvages les îles situées au vent des contrées qu'ils habitent. Ce fut à de pareils indices que Christophe Colomb, voguant vers l'Amérique, reconnut qu'il n'était pas éloigné du continent dont il avait deviné l'existence.

Linnée remarque que les animaux travaillent très-efficacement à la dissémination.

L'écureuil et la loxie à bec croisé sont très-friands de la graine des pins ; ils désunissent les écailles des cônes en les frappant à coups redoublés contre les rochers, et par ce moyen ils en dispersent les semences.

Les corbeaux, les rats, les marmottes, les loirs, transportent des graines et des fruits dans des lieux écartés ; ils en font des magasins sous la terre pour l'arrière-saison ; mais ces magasins sont souvent oubliés ou perdus, et les graines germent au retour du printemps.

Les oiseaux avalent des baies dont ils digèrent la pulpe ; ils rendent les graines intactes et prêtes à germer. C'est ainsi que les grives et d'autres oiseaux déposent sur les arbres les graines du gui qui, privées comme elles le sont d'ailes et d'aigrettes, et ne pouvant se développer sur la terre, ne se répandent que par ce moyen.

La *Phytolacca décandra*, originaire de la Virginie, introduite en 1770 par les moines de Carbonieux, dans les environs de Bordeaux, pour y être employée à colorer les vins, a été déposée par les oiseaux dans les départemens méridionaux de la France, et jusques dans le fond des vallées des Pyrénées.

Les Hollandais voulant s'assurer le commerce exclusif de la muscade, détruisirent les muscadiers dans beaucoup d'îles sur lesquelles ils ne pouvaient exercer une surveillance active ; mais on assure qu'en peu de temps les oiseaux repeuplèrent ces îles de muscadiers, comme si la nature n'avait pas voulu permettre cette atteinte à ses droits.

Les quadrupèdes granivores disséminent aussi les graines qu'ils ne digèrent point. Tout le monde sait que les chevaux en infestent les prairies.

Les fruits de l'aigremoine , du *myosotis lappula* , du *galium aparine* , du *sanicula* , etc. , sont pourvus d'a-meçons au moyen desquels ils s'accrochent à la toison des animaux lanigères , et voyagent avec eux.

Il y a des plantes , telles que la pariétaire , l'ortie , l'oseille , qui recherchent pour ainsi dire la société de l'homme , et s'attachent à ses pas ; elles croissent le long des murs dans les villages , et jusques dans les rues des villes ; elles suivent les pasteurs et s'élèvent avec eux sur les plus hautes montagnes. Lorsque , dans ma jeunesse , je parcourus les monts Pyrénées avec M. Ramond , plus d'une fois ce savant naturaliste me fit remarquer ces végétaux émigrés de la plaine , croissant sur les ruines des cabannes abandonnées , et se maintenant là , malgré la rigueur des hivers , comme des monumens , en témoignage du séjour des hommes et des trou-peaux.

Les distances , les chaînes de montagnes , les fleuves , les mers mêmes n'opposent que des obstacles insuffi-sans à la migration des graines. L'influence du climat met seule des bornes à la dispersion des végétaux ; c'est le climat qui fixe les limites que les espèces ne peuvent franchir. Il est probable qu'un temps viendra où la plupart des végétaux qui croissent entre les deux pa-railèles , seront communs à toutes les contrées de cette zône ; ce doit être un des beaux résultats de l'industrie et de la persévérance des nations civilisées ; mais aucune puissance humaine ne parviendra jamais à faire croître sous les pôles les végétaux des tropiques , et sous les tropiques les végétaux des pôles. En ceci , la nature est plus forte que l'homme.

Les espèces ne se propagent pas d'elles-mêmes d'un

médiaires s'y oppose; mais nous pouvons favoriser leur migration, et c'est ce que nous avons déjà fait pour beaucoup d'espèces. Nous cultivons dans nos climats les *eucalyptus*, les *metrosideros*, les *mimosa*, les *casuarina*, etc. des terres australes; et les jardins de Botany-Bay sont peuplés des légumes et des arbres fruitiers de l'Europe.

ART DE FAIRE LE VIN

ET DE

DISTILLER LES EAUX-DE-VIE.

DE LA VENDANGE.

L'époque de la vendange varie suivant les lieux et les objets qu'on se propose. Dans les contrées septentrionales, où la température s'élève peu, le raisin ne parvient jamais à une maturité parfaite, et se cueille dès qu'il ne profite plus. Quelque peu avancé qu'il soit, il devient indispensable d'en faire la récolte; autrement, l'humidité, les pluies, les nuits fraîches de l'automne le détériorent et le corrompent. Dans les climats plus favorables à la culture de la vigne, on avance ou on retarde la vendange suivant les qualités qu'on se propose de communiquer aux vins. Le mérite des uns consiste dans un bouquet agréable qui est incompatible avec une maturité complète; celui des autres réside dans la force alcoolique ou la saveur douceâtre qui exige un entier développement du principe sucré. C'est ainsi qu'en Espagne on laisse dessécher les raisins sur la souche, qu'à Rivesaltes et dans les îles de Candie et de Chypre on attend qu'ils soient fanés. Les vins d'Arbois et de Château-Châlons ne se récoltent que dans le mois de décembre. Le *vin de paille* se fait en Touraine avec des raisins cueillis par un temps sec et un soleil ardent. Étendus ensuite sur des claies, exposés sans contact les uns avec les autres, à l'influence des rayons qui nous échauffent, ils sont retirés dès l'approche de la nuit et dépouillés des grains qui se putréfient. Quand tous sont complètement fanés, on les presse et on en reçoit le jus dans des vases où il subit la fermentation.

Dans les contrées méridionales, l'époque de la vendange est communément celle où le raisin est parvenu à sa maturité. Dès qu'il l'a acquise, c'est-à-dire, dès qu'il présente la réunion des signes suivans : queue brune, grappe pendante, grains ramollis, pellicule amincie, grappe et grain faciles à détacher, suc doux, savoureux, visqueux, pepins fermes non glutineux, on se dispose à en faire la cueillette, mais on n'y procède pas indistinctement et au hasard. On choisit autant que possible un temps sec, ou au moins l'on attend que le soleil ait dissipé la rosée et réchauffé l'atmosphère. Les ouvriers auxquels on confie cette importante opération, doivent être exercés et surveillés par un homme intelligent et sévère, qui les oblige de couper court, de mettre à part les raisins les plus sains et les plus mûrs, de les dépouiller des grains pourris et de ceux qui ont été desséchés. Les premiers communiquent au vin une odeur et un goût désagréables; et les seconds, indépendamment du principe acidifiant qu'ils contiennent, loin de produire du mout, en absorbent. Il doit aussi faire en sorte que personne ne mange dans la vigne, de crainte qu'il ne se mêle à la vendange des débris de pain ou de toute autre substance fermentée.

A mesure qu'on détache les raisins, on les place avec adresse et sans les tasser dans des vases, et de-là dans des baquets ou des hottes, au moyen desquels on les transporte dans la cuve sans qu'ils perdent leur suc.

Dans quelques pays, la vendange se fait à plusieurs reprises. On ne cueille chaque fois que les raisins dont la maturité est plus parfaite, plus uniforme, et les grains plus égaux et mieux nourris. Le vin qui résulte des grappes aussi bien assorties entre elles, est plus fin et plus délicat. Dans d'autres lieux, soit que l'abondance des récoltes ne permette pas ces soins

minutieux , ou qu'on soit moins jaloux de la
qualité des produits , on coupe et on presse
sans triage la vendange toute entière.

DU FOULAGE.

Les raisins renferment tous les principes de
la fermentation , mais ces principes isolés dans
le grain ont besoin d'être mis en contact pour
se décomposer mutuellement et pour transformer en liqueur vineuse un jus doux et sucré.
C'est l'objet que remplit le foulage ; il brise les
cellules où sont contenues la levure et la substance sucrée ; elles se mêlent , se confondent ,
réagissent entre elles et donnent naissance à
l'ensemble des phénomènes qui constituent la
fermentation. Mais convient-il d'égrapper ou de
ne pas égrapper les raisins ? Cette question, vivement agitée par les agriculteurs , cesse d'en
être une dès qu'on ne la généralise plus. En
effet , la grappe ne contenant ni arome , ni
substance sucrée , ne contribue ni à la force
ni au bouquet des vins , mais le principe
acerbe qu'elle renferme relève la fadeur naturelle de ceux qu'on récolte dans les contrées
humides et froides. C'est ainsi que dans l'Orléa-
nais on a été obligé de renoncer à l'égrappage,

parce que les vins faits par cette méthode, tour-
naient plus aisément au gras. On a, d'ailleurs,
remarqué que la fermentation est plus active
et plus régulière lorsque le mout n'a pas reçu
cette préparation; la grappe peut, en conséquence, être considérée comme un ferment
utile dans tous les cas où il est à craindre
que la décomposition ne soit lente et incomplète; elle favorise la fermentation et donne
de la durée aux vins, mais en même temps
elle leur communique une certaine âpreté.
Cette pratique est adoptée par les uns, repoussée
par d'autres, suivant qu'ils préfèrent un vin
délicat ou généreux.

Mais quelle que soit la méthode qu'on suive,
il est indispensable d'écraser le raisin pour qu'il
fermente; cette opération s'exécute de plusieurs
manières. Dans la Champagne, on se sert d'une
caisse carrée ouverte par le haut, et d'environ
quatre pieds de large, formée de liteaux de
bois assez rapprochés pour retenir les grains;
elle est placée sur une cuve destinée à recevoir le jus exprimé. On verse dans cette caisse
la vendange à mesure qu'elle arrive, et un ouvrier, armé de gros sabots, la foule et l'écrase.
Le suc s'échappe par des interstices; et quand
la pellicule désorganisée forme une masse assez

considérable dans la cage, il ouvre une porte
à coulisse et chasse le marc dans ou hors la
cuve, suivant le dessein qu'a le propriétaire
de faire fermenter le mout avec ou sans ce
résidu. Il continue la même manœuvre jusqu'à ce que la cuve soit remplie. Cette méthode
est vicieuse, en ce qu'elle prolonge trop l'opération ; il serait préférable de réunir d'abord
la vendange nécessaire pour une cuvée, et de
ne commencer le foulage qu'à cette époque.
La fermentation alors serait simultanée et uniforme, elle commencerait et finirait dans toute
la masse au même instant. Il ne serait pas
moins avantageux de soumettre tous les grains
à une compression plus parfaite et plus égale ;
car il est évident que si la cuve contient des
raisins inégalement déchirés, ou si elle reçoit
successivement les quantités de mout qui doivent la remplir, elle n'éprouvera qu'une décomposition partielle et incomplète. Supposons, par exemple, que tout le jus qu'elle
renferme exige, pris au même degré de foulage, huit jours pour accomplir les divers
phénomènes par lesquels il doit passer, il est
clair que si on prend un terme moyen pour
la durée de la fermentation telle que nous
venons de la décrire, et qu'on écoule tout à

la fois, la liqueur sera composée d'un vin disposé à l'acescence, d'un vin trop peu fermenté, et d'une troisième partie qui sera encore du mout. Un tel mélange ne donne qu'une liqueur de mauvaise qualité, et s'altère par les plus légères causes.

FERMENTATION.

La cuve, placée dans des circonstances favorables, bouillonne presque aussitôt qu'elle est remplie; mais diverses causes hâtent, éloignent ou modifient la production de ce phénomène. La température, le contact de l'air, les proportions des principes dont le mout se compose, exercent une influence plus ou moins considérable. L'intervalle compris entre 12 et 15 degrés centigrades est le plus propice à la fermentation spiritueuse; elle languit au-dessous de ce terme, et devient trop tumultueuse au-dessus.

Mais un fait singulier et qui prouve combien il est important d'attendre que le soleil ait réchauffé l'atmosphère pour commencer la cueillette, c'est que la *fermentation est d'autant plus lente que la température est plus froide au moment où se font les vendanges.*

On a reconnu, en Champagne, que des raisins coupés dans la première partie du jour fermentent moins vite que ceux de même espèce qui ont été récoltés dans l'après-midi, lorsque le soleil est beau, le temps pur et serein. Des expériences faites par M. Chaptal, confirment ce résultat, et démontrent que lorsque le mout est trop froid pour éprouver de suite la décomposition, il est difficile de déterminer complètement le phénomène par des moyens artificiels. Il convient en conséquence, lorsqu'on est obligé de faire la cueillette par un temps frais, de déposer les raisins dans un lieu où ils puissent prendre une température de 12 à 15° centigrades, et de ne commencer le foulage qu'au moment où ils l'ont acquise. Dans le cas où ce moyen n'est pas praticable, il faut y suppléer, soit en versant du mout chaud dans la cuve, soit en faisant usage de cylindres particuliers, tels que ceux qu'on emploie en Bourgogne. L'air n'est pas moins nécessaire à la fermentation, quoiqu'il n'ait pas une influence aussi directe. A la longue le mout enfermé dans des vases clos, se transforme en vin, et même en donne de plus généreux et de plus agréable au goût que celui qu'on obtient par les procédés ordinaires. Mais

l'acide carbonique, qui se développe, fait effort
pour s'échapper. Ne trouvant aucune issue, il
réagit sur les parois du vase, les force et les
brise ; ou si elles lui opposent un obstacle qu'il
ne puisse vaincre, il exerce sur la surface du
liquide son énergie expansive ; il ralentit et
arrête enfin toute espèce de décomposition.
Il faut donc, pour prévenir des explosions
dangereuses ou des fermentations incomplètes,
permettre au gaz de se dégager, et laisser la
masse en communication libre avec l'atmosphère ; mais les fluides élastiques qu'elle verse
continuellement dans l'air l'appauvrissent et
emportent une quantité considérable des principes qui constituent l'alcool et le bouquet.
Divers moyens ont été imaginés pour modérer cette déperdition. M. Chaptal conseille
de fermer la cuve avec des planches couvertes
de vieilles toiles ; le sénateur Dandolo recommande l'usage d'un couvercle mobile, sus-
pendu à une corde fixée dans son centre. Appliqué au-dessus du liquide, il entretient une
température plus égale, prévient en partie
l'acidité du chapeau, et rend l'évaporation
presque nulle. Au moyen de cet appareil, on
sent à peine, suivant cet agronome, l'odeur
du vin dans les celliers qui renferment plu-

sieurs cuves en fermentation. Les gaz qui se dégagent, déposent sur le couvercle le principe odorant dont ils sont chargés, et s'échappent par les bords dépouillés d'une manière à peu près complète.

Le mout se compose de divers principes, de sucre, de levure, de tartre et d'eau, dont l'action mutuelle est plus ou moins prompte, plus ou moins durable, suivant que les uns ou les autres prédominent. Le premier seul rend les substances fermentescibles, et c'est aux altérations qu'il éprouve, qu'est due la production de l'alcool. Il ne faut pas le confondre avec le *principe doux* qui l'accompagne dans la plupart des fruits. Tous les deux affectent à peu près également le palais ; mais loin d'être de même nature, ils se décomposent dès qu'ils sont en contact, sans que celui-ci produise jamais de l'alcool. Si le sucre est en excès, le vin auquel la fermentation donne naissance est doux et liquoreux ; il est au contraire acide si c'est le principe doux qui prédomine, parce que aussitôt que la substance opposée est détruite, il exerce son action sur les autres élémens du mout. Il est facile, dans ces deux cas, de corriger la mauvaise composition de ce liquide. Dans le premier, il suffit d'ajouter de la levure pour convertir le sucre en alcool et obtenir un vin spiritueux ; dans le deuxième, une addition de cassonade, de miel, ou de toute autre substance analogue, épuise la levure et la fait concourir à la production du principe alcoolique. Ce n'est qu'au moyen de cette méthode qu'on peut obtenir une liqueur généreuse, des raisins douceâtres des pays froids.

Lorsque la saison a été pluvieuse, ou que le raisin a végété dans des terres humides, le mout contient une quantité d'eau trop forte. La fermentation est tardive, lente, incomplète ; le produit qui en résulte est faible, délayé ; et la surabondance de levure qui accompagne constamment l'excès d'humidité, le rend peu susceptible d'être conservé. On remédie à cet inconvénient de diverses manières, qui toutes ont pour objet d'affaiblir la partie aqueuse du jus. Les uns le réduisent par l'évaporation, d'autres s'emparent d'une portion d'eau au moyen du plâtre. Mais il vaut mieux suppléer à l'imperfection du travail de la nature, et corriger la mauvaise composition du mout, en complétant dans ce liquide la quantité de sucre qui s'y fût développée si l'année eût été plus propice. M. Chaptal évalue à 15 ou 20 livres par muid la dose de cassonade ou de mélasse qu'il convient d'employer. Cette addition a le double avantage de rendre le vin plus spiritueux, et de prévenir l'acescence. Si la température atmosphérique, loin d'avoir été mauvaise, a été constamment élevée, que le raisin soit parvenu à une maturité parfaite, la levure ne sera pas en quantité suffisante pour convertir en alcool toute la substance saccarine; alors il faut porter dans la masse fermentante de la levure et un peu de tartre. Cette substance, suivant les expériences du chimiste que je viens de citer, excite la fermentation et concourt à rendre la décomposition de sucre plus complète.

Dès que ces circonstances de composition et de température cessent d'opposer des obstacles à la fermentation, la cuve bouillonne et le travaille commence. La liqueur se trouble, s'agite et s'échauffe. Des grappes, des pepins, des flocons, des pellicules, poussés, chassés en divers sens, se réunissent à la surface, et, s'entassant les uns sur les autres, forment une couche épaisse et solide, connue sous le nom de *chapeau* de la vendange; en même temps il se dégage de l'acide carbonique en abondance, la température s'élève et le goût sucré disparaît. La liqueur devient de plus en plus vineuse ; elle se colore , se clarifie et dépose les substances qu'elle tenait en suspension. Le bouillonnement se calme peu à peu, la masse s'affaisse, revient à son premier volume , et l'opération est achevée. Examinons en peu de mots les circonstances qui la modifient et l'accompagnent. Elles se réduisent à quatre : la production de la chaleur , celle du gaz acide carbonique , la formation de l'alcool et la coloration du liquide.

Production de chaleur. La fermentation développe constamment une élévation de température ; mais, dans certains cas, elle ne se répartit pas uniformément dans la masse. Le centre de la cuve s'échauffe beaucoup, tandis que les bords restent froids. Il devient alors indispensable , pour rendre la marche du phénomène plus uniforme et plus égale , d'opérer le mélange des diverses parties qu'elle renferme , afin que toutes participent au même degré de chaleur. C'est une pratique fort usitée en Champagne. On foule , à plusieurs reprises , soit au moyen de grandes perches hérissées de chevilles qu'on plonge et retire successivement, soit en faisant descendre dans la pièce des hommes qui battent le moût.

Dom Gentil, cité par M. Chaptal, a fait

à ce sujet des expériences directes qui prouvent que cette méthode rend la fermentation plus prompte et donne un vin plus délicat, plus coloré, plus franc, et d'une saveur plus fine que celui qu'on obtient sans *travailler la cuve*. De son côté, M. Dandolo s'oppose à la répétition du foulage. Il s'est convaincu, par une série de faits, qu'elle est toujours nuisible au vin, qu'elle lui donne un mauvais goût et une mauvaise odeur, en immergeant les substances altérées qui se trouvent à la superficie.

Il semble en effet que si la température du lieu où se trouve déposée la vendange est convenable, cette répétition est superflue ; les diverses parties de la masse sont suffisamment échauffées pour éprouver une action mutuelle et se décomposer.

Acide carbonique. Ce gaz, qui se dégage en abondance pendant le travail de la fermentation, mérite une attention spéciale, en ce qu'il dépouille la cuve d'une partie de l'alcool formé par la décomposition du suc, et qu'il exerce une influence dangereuse sur la vie de ceux qui le respirent. On atténue le premier de ces inconvéniens au moyen des planches et des couvertures qu'on dispose au-dessus de la cuve, ou en fai-

sant usage du couvercle conseillé par M. Dandolo. Quant au deuxième, on le fait aisément
disparaître en répandant de l'eau de chaux,
ou mieux de la chaux en poudre dans le cellier
où le mout se transforme en liqueur vineuse.
Il est d'ailleurs facile de connaître le danger
auquel on s'expose en portant à la main
une bougie allumée; tant qu'elle brûle, il n'y
a rien à craindre, mais il faut s'éloigner dès
qu'on la voit près de s'éteindre.

C'est ce gaz dissous qui rend les vins mousseux.

Formation de l'alcool. Le ferment et le
sucre contenus dans le mout se décomposent
mutuellement. L'un se concrète et se précipite, tandis que l'autre cède une partie de ses
principes et donne naissance à de l'alcool. Ce
liquide, qui seul constitue les vins et leur donne
de la force, sera donc d'autant plus abondant que
les substances saccarines seront elles-mêmes
plus abondantes. On pourra rendre le produit
de la fermentation plus ou moins généreux,
en introduisant dans la cuve des quantités de
sucre plus ou moins fortes. Nous n'avons pas
besoin d'avertir qu'elles doivent avoir un terme:
ce qui précède a suffisamment établi que la liqueur la plus parfaite est celle qui résulte du
mout dont les proportions sont telles qu'il

ne conserve en nature ni sucre, ni levure. Nous devons cependant dire que l'excès de l'un n'entraîne pas les mêmes inconvéniens que la surabondance de l'autre. En effet, si la substance saccarine prédomine, le vin est douceâtre, liquoreux, mais il n'y a aucun danger qu'il tourne à l'aigre ; si c'est au contraire la levure qui n'est pas épuisée, elle agit sur les divers principes dont il se compose et l'acidifie.

Les bons effets que produit l'addition du principe sucré, sont depuis long-temps constatés par les expériences de Macquer. «Au mois d'octobre 1776, je me suis procuré, dit ce chimiste, assez de raisins blancs *pineau* et *melier* d'un jardin de Paris, pour faire vingt-cinq à trente pintes de vin; c'était du raisin de rebut. Je l'avais choisi, exprès, dans un si mauvais état de maturité, qu'on ne pouvait espérer d'en faire un vin potable; il y en avait près de la moitié dont une partie des grains et des grappes entières étaient si verds qu'on n'en pouvait supporter l'aigreur. Sans autre précaution que celle de faire séparer tout ce qu'il y avait de pourri, j'ai fait écraser le reste avec les raffles, et exprimer le jus à la main. Le mout qui en est sorti était très-trouble, d'une couleur verte,

sale, d'une saveur aigre-douce, où l'acide do-
minait tellement qu'il faisait faire la grimace
à ceux qui en goûtaient. J'ai fait dissoudre dans
ce mout assez de sucre brut pour lui donner
la saveur d'un vin doux assez bon ; et sans
chaudière, sans entonnoir, sans fourneau, je
l'ai mis dans un tonneau, dans une salle au
fond d'un jardin, où il a été abandonné. La
fermentation s'y est établie dans la troisième
journée, et s'y est soutenue pendant huit jours
d'une manière assez sensible, mais pourtant
fort modérée. Elle s'est apaisée d'elle-même
après ce temps.

« Le vin qui en a résulté étant tout nouvellement fait et encore trouble, avait une
odeur vineuse, assez vive et assez piquante ; la
saveur avait quelque chose d'un peu revêche,
attendu que celle du sucre avait disparu aussi
complètement que s'il n'y en avait jamais eu. Je
l'ai laissé passer l'hiver dans son tonneau ; et
l'ayant examiné au mois de mars, j'ai trouvé
que, sans avoir été ni soutiré ni collé, il était
devenu clair : sa saveur, quoique encore assez
vive et assez piquante, était pourtant beaucoup
plus agréable qu'immédiatement après la fermentation sensible ; elle avait quelque chose de
plus doux et de plus moelleux, et n'était mêlée

néanmoins de rien qui s'approchât du sucre. J'ai fait mettre alors ce vin en bouteilles; et l'ayant examiné au mois d'octobre 1777, j'ai trouvé qu'il était clair, fin, très-brillant, agréable au goût, généreux et chaud, et en un mot tel qu'un bon vin blanc de pur raisin qui n'a rien de liquoreux et provenant d'un bon vignoble dans une bonne année. Plusieurs connaisseurs auxquels j'en ai fait goûter en ont porté le même jugement, et ne pouvaient croire qu'il provenait de raisins verds dont on eût corrigé le goût avec du sucre.

« Ce succès, qui avait passé mes espérances, m'a engagé à faire une nouvelle expérience du même genre, et encore plus décisive par l'extrême verdeur et la mauvaise qualité du raisin que j'ai employé.

« Le 6 novembre de l'année 1777, j'ai fait cueillir de dessus un berceau, dans un jardin de Paris, de l'espèce de gros raisin qui ne mûrit jamais bien dans ce climat-ci, et que nous ne connaissons que sous le nom de verjus, parce qu'on n'en fait guère d'autre usage que d'en exprimer le jus, avant qu'il soit tourné, pour l'employer à la cuisine en qualité d'assaisonnement acide. Celui dont il s'agit commençait à peine à tourner quoique la saison fût fort avancée, et il avait été abandonné dans son berceau comme sans espérance qu'il pût acquérir assez de maturité pour être mangeable. Il était encore si dur que j'ai pris le parti de le faire crever sur le feu pour pouvoir en tirer plus de jus : il m'en a fourni huit à neuf pintes. Ce jus avait une saveur très-acide dans laquelle on distinguait à peine une très-légère saveur sucrée ; j'y ai fait dissoudre de la cassonade la plus commune jusqu'à ce qu'il me parût bien sucré ; il m'en a fallu beaucoup plus que pour le vin de l'expérience précédente, parce que l'acidité de ce dernier moût était beaucoup plus forte. Après la dissolution de ce sucre, la saveur de la liqueur, quoique très-sucrée, n'avait rien de flatteur, parce que le doux et l'aigre s'y faisaient sentir assez vivement et séparément d'une manière désagréable.

« J'ai mis cette espèce de moût dans une cruche qui n'en était pas entièrement pleine, couverte d'un simple linge ; et la saison étant déjà très-froide, je l'ai placée dans une salle où la chaleur était presque toujours de 12 à 13 degrés, par le moyen d'un poêle.

« Quatre jours après, la fermentation n'était pas encore bien sensible ; la liqueur me paraissait tout aussi sucrée et tout aussi acide ; mais ces deux saveurs commençant à être mieux combinées, il en résultait un tout plus agréable au goût.

« Le 14 novembre, la fermentation était dans toute sa force; une bougie allumée, introduite dans le vide de la cruche, s'y éteignait aussitôt.

« Le 30, la fermentation sensible était entièrement cessée, la bougie ne s'éteignait plus dans l'intérieur de la cruche; le vin qui en était résulté était néanmoins très-trouble et blanchâtre; sa saveur n'avait presque plus rien de sucré, elle était vive, piquante, assez agréable comme celle d'un vin généreux et chaud, mais un peu gazeux et un peu verd.

« J'ai bouché la cruche et l'ai mise dans un lieu frais pour que le vin achevât de s'y perfectionner, par la fermentation insensible pendant tout l'hiver.

« Enfin, le 17 mars 1778, ayant examiné ce vin, je l'ai trouvé presque totalement éclairci; son reste de saveur sucrée avait disparu ainsi que son acide. C'était celle d'un vin de pur raisin assez fort, ne manquant point d'agrément, mais sans aucun parfum ni bouquet, parce que le raisin que nous nommons *verjus* n'a point du tout de principe odorant ou d'esprit recteur; à cela près, ce vin qui est tout nouveau, et qui a encore à gagner par la fermentation que je nomme insensible, promet de devenir moelleux et agréable. »

Coloration. Le mout, soit qu'il provienne des raisins blancs ou rouges, est sans couleur tant qu'il n'a pas fermenté ; mais, aussitôt qu'il entre en ébullition, il dissout le principe colorant déposé sous la pellicule du raisin, et devient d'autant plus foncé qu'il séjourne plus long-temps dans la cuve, qu'on le foule avec plus de force et que la maturité a été plus complète. Il y a cependant, toutes choses égales d'ailleurs, des plans qui sont plus chargés que d'autres : ainsi, les vins du Cher et de la Loire sont si colorés, quoique faibles, qu'ils en sont épais.

DÉCUVAGE.

Comme la fermentation spiritueuse dégénère promptement en fermentation acide, les vignerons ont imaginé une multitude de signes et de circonstances à l'aide desquels ils prétendent reconnaître l'instant où l'une achève son travail et où l'autre va commencer ; mais les phénomènes varient en énergie et en durée selon le climat et la saison, suivant la qualité et la quantité du mout. On conçoit aisément que cette époque ne peut être fixée, et que toutes les méthodes qui ont pour but d'en assigner le terme d'une manière générale et précise, sont nécessairement vicieuses. La seule qui puisse fournir des règles de conduite sûres, consiste à observer les progrès de la décomposition du principe sucré.

L'objet de la fermentation est de le transformer en alcool; il faut donc qu'elle soit d'autant plus vive ou plus longue qu'il est plus abondant. Ainsi les raisins du Midi doivent séjourner dans la cuve un temps plus considérable que ceux des autres contrées. Une autre considération qu'il ne faut pas perdre de vue dans la conduite de cette opération, c'est qu'elle dégage constamment de la chaleur et de l'acide carbonique ; l'une volatilise et dissipe le parfum ou *bouquet* qui fait le plus grand mérite de quelques vins ; l'autre se charge d'alcool et dépouille la liqueur d'une substance qui l'eût rendue plus agréable et plus piquante. En conséquence, les vins faibles, mais agréablement parfumés, et les vins blancs, dont la principale propriété est d'être mousseux, ne doivent recevoir qu'une fermentation légère. Les vins appelés *vins de primeur*, en Bourgogne, tels que ceux de Volney, de Pomard, etc., ne restent pas dans la cuve au-delà de vingt à trente heures.

D. Gentil, qui a fait de nombreuses expériences à ce sujet, prétend qu'il faut invariablement décuver aussitôt que le goût sucré a disparu. « Il remarque néanmoins, dit M. Chaptal, que cette disparution n'est pas absolue ; puisque l'expérience lui a prouvé que le sucre existait encore en partie lorsque la saveur vineuse était développée, et que le goût sucré n'était plus sensible ; mais l'esprit-de-vin qui s'est formé couvre tellement le peu de sucre qui reste, qu'il est insensible ; et c'est le moment de la disparution de la saveur sucrée qu'il a indiqué comme le plus propre à marquer l'instant du décuvage.

» J'ai observé généralement, ajoute M. Chaptal, que la disparution du goût sucré et le développement de la saveur vineuse était le moment que prennent, pour décuver, les hommes les plus renommés pour la fabrication et la conduite des vins. »

Une opération non moins importante que celle que nous venons de décrire, est la préparation des futailles. Elles doivent être faites d'un merrain très-sain, et ne renfermer aucune douve tirée des parties qui avoisinent l'écorce ou les racines du chêne au pied duquel se trouvent des amas de fourmis. Ces insectes sont souvent, par l'odeur qu'elles communiquent aux bois, la cause éloignée du goût de *fut* que prennent les vins. Parmi les tonneaux, ceux qui sont neufs sont successivement lavés à l'eau de chaux, à l'eau chaude et à l'eau salée; ceux qui ont déjà servi sont dépouillés du tartre déposé sur leurs parois, et ensuite lavés à l'eau chaude. Enfin, on passe dans les uns et les autres, ou du vin, ou du moût bouillant, ou une infusion de fleurs de pêcher. Quant à ceux qui ont contracté de mauvais goûts, tels que ceux de punaise, de moisi, etc., il est prudent de n'en pas faire usage, dans la crainte que ces vices, masqués par les moyens qu'on emploie pour les détruire, ne viennent à reparaître.

On ne laisse pas, en décuvant, couler le vin dans des vases ouverts pour le mettre ensuite en pièces; il jaillirait avec violence, écumerait, bouillonnerait, et perdrait de son arome et de sa force. On l'introduit dans les futailles à l'aide d'un tuyau de fer-blanc ou de cuir qu'on adapte à la canelle de la cuve.

A mesure que la liqueur s'écoule, le chapeau s'affaisse et se dépose enfin sur la matière déjà rassemblée au fond du vase. L'un et l'autre retiennent encore beaucoup de vin, mais le premier, long-temps en contact avec l'atmosphère, a contracté une acidité plus ou moins forte suivant que le cuvage a été plus ou moins prolongé. On les exprime alors séparément. Quand la fermentation a été prompte et que l'acétification n'a pu se faire, on les presse ensemble, et le jus qu'on obtient se mêle avec celui du décuvage. On coupe, on taille ensuite le marc, on le presse de nouveau, et le vin des deuxième et troisième serres, plus âcre, plus coloré, est mis dans des tonneaux séparés, à moins qu'on ne s'en serve pour donner au précédent de la couleur, de la force et une légère astriction.

Le marc est ensuite employé à divers usages, à la fabrication des eaux-de-vie, des vinaigres, des verts-de-gris, à la nourriture des bestiaux, ou à la confection d'une boisson destinée aux domestiques, aux ouvriers, et connue sous le nom de piquette ou buvande. On la prépare de la manière qui suit : on émiette la masse solide qu'on retire du pressoir, on répand sur elle une quantité d'eau plus ou moins grande, suivant la pression à laquelle elle a été soumise, et on l'abandonne à elle-même pendant vingt-quatre à quarante heures, selon que la température atmosphérique est plus ou moins haute. La liqueur qu'on soutire après cette digestion prolongée peut se garder plusieurs mois lorsqu'elle est placée dans une bonne cave. En ajoutant à cette buvande cinq pour cent de bon moût, on obtient un petit vin piquant, fort agréable, et susceptible d'être conservé.

DES SOINS QU'EXIGENT LES VINS MIS EN PIÈCES.

Les vins sont loin d'être parfaits au moment où on les dépose dans les tonneaux. Ils contiennent encore du sucre qui se décompose ; la fermentation plus douce et plus tranquille, dégage néanmoins en abondance de l'acide carbonique qui tient en mouvement toute la masse liquide, soulève et rassemble à la surface les immondices qu'elle renferme, et les chasse par la bonde. Les pertes que cette épuration cause, doivent être réparées avec soin, et la pièce tenue constamment pleine. C'est là ce qu'on appelle *ouiller*. On place au-dessus de l'ouverture une feuille de vigne chargée de sable, qu'on retire chaque fois qu'on rafraîchit la pièce. Dans quelques pays on ajoute du vin tous les jours pendant le premier mois, tous les quatre pendant le deuxième, et tous les huit après ce terme ; dans d'autres, tels que dans les environs de Bordeaux, on ne commence à ouiller que huit à dix jours après avoir déposé les vins dans les tonneaux. Un mois après, on les bonde et on les appond toutes les semaines.

Quand la fermentation insensible est enfin achevée, le vin est fait. Peu à peu il se clarifie, et toutes les substances étrangères qu'il tient en suspension se précipitent et se déposent sur les parois. Un mélange de tartre, de matière colorante, d'extrait, et d'une substance végéto-animale en partie décomposée, forme une couche épaisse à laquelle on donne le nom de lie.

Mais la plus légère cause, une secousse imprimée aux futailles, une élévation de température, le tonnerre et autres accidens météorologiques, peuvent troubler la transparence du liquide et ranimer la fermentation.

C'est pour prévenir un inconvénient aussi grave qu'on transvase les vins à diverses époques, et qu'on les retire de dessus les substances qu'ils ont abandonnées. On soutire ceux de l'Hermitage en mars et en septembre; ceux de la Champagne en octobre, en février et en mars. Cette opération, qui ne s'exécute jamais que par un temps sec et froid, devrait être faite au moyen de la pompe employée déjà dans plusieurs vignobles. C'est un tuyau de cuir qui se termine par des tubes en bois, dont l'un s'adapte au robinet de la pièce qu'on veut vider, et l'autre à l'ouverture de celle qu'on veut remplir. L'écoulement cesse dès que la première est à moitié ; mais on le rétablit à l'aide d'un soufflet. La pression de l'air introduit par cet instrument, s'exerce sur le liquide et l'oblige à passer d'une pièce dans l'autre.

Le soutirage ne peut se faire indistinctement dans toutes les saisons. « L'on sait, dit M. Parmentier, que les vins travaillent dans les tonneaux aux deux pousses du printemps et de l'automne ; c'est quelques jours avant cette époque qu'il faut soutirer le vin. Le nombre des soutirages à donner aux vins varie suivant leur qualité ; l'excès est aussi dangereux que le trop peu. A Bordeaux et dans plusieurs pays de la France, on ne fait ces opérations que lorsque les vents du nord, N.-O., ou de N. N.-O. soufflent. On prétend que l'air ôte au vin de sa qualité, lorsqu'il est agité par les vents du sud S.-O. ou S. S.-O. Les vents d'est et d'ouest sont moins dangereux à Bordeaux. Plusieurs personnes attribuent à la lune une influence particulière, et se gardent de travailler leur vin et de le mettre en bouteilles lorsqu'elle est dans les premier et dernier quartiers. »

Mais le soutirage ne suffit pas pour dépouiller les vins de toutes les matières qui peuvent en déterminer l'acescence ; on est encore obligé d'avoir recours au collage et au soufrage pour précipiter les substances étrangères qu'ils tiennent en suspension. C'est ordinairement la colle de poisson qu'on emploie pour les clarifier. On la déroule, on la coupe par petits morceaux, et on la met tremper dans un peu de vin. Elle se gonfle, se ramollit, se dissout et forme une masse gluante qu'on agite et qu'on verse dans la pièce. Quelques personnes fouettent le liquide avec des brins de balai, jusqu'à ce qu'il se forme une écume qu'elles enlèvent avec soin. La substance dissoute s'empare des impuretés contenues dans la liqueur, et les entraîne au fond du vase.

Dans les climats froids on substitue pendant l'été le blanc d'œuf à la colle. Cinq à six suffisent pour un demi-muid. On les bat d'abord avec un peu de vin, on verse ensuite le mélange dans la pièce, et on fouette. Mais ce moyen ne doit pas être employé sans précaution ; souvent, pour s'être servi d'un œuf qui avait déjà éprouvé un commencement d'altération, on a dénaturé ou masqué le parfum des vins.

On clarifie encore les vins, et même on corrige souvent le mauvais goût qu'ils ont contracté, au moyen de copeaux de hêtres préalablement écorcés, bouillis dans l'eau et séchés au soleil ou dans un four, avec lesquels on les met en digestion. Ils déterminent dans le liquide un léger mouvement de fermentation qui l'éclaircit souvent en moins de vingt-quatre heures.

Avec quelque force que la colle ou le blanc d'œuf agissent, ils laissent cependant échapper des molécules de levure, dont l'action continue dispose les vins à l'acescence. C'est pour prévenir la dégénération acide qu'on les imprègne de vapeur sulfureuse. La composition des mèches soufrées dont on fait usage dans cette opération, est extrêmement variable. Les uns n'emploient que du soufre fondu, dans lequel ils plongent des bandes de toile ou de coton; les autres ajoutent à ce corps, avant de le soumettre à l'action du feu, divers aromates. La manière de s'en servir n'est pas moins diverse. Dans un endroit, on suspend la mèche au bout d'un fil de fer; on l'enflamme et on la place dans le tonneau où elle se consume. Lorsque la combustion est complète, et que les parois sont chargés des gaz qu'elle a dégagés, on remplit la pièce. Ailleurs, on met deux ou trois seaux de vin dans une futaille, on brûle une mèche, on bondonne et on agite, on recommence et on continue de la même manière jusqu'à ce que la pièce soit remplie. Le soufrage rend d'abord le vin trouble et de couleur désagréable ; mais il ne tarde pas à se rétablir.

DES MALADIES DES VINS.

Les vins préparés comme nous venons de le dire, et déposés dans une cave tournée au nord, profonde, modérément éclairée, un peu humide, à l'abri des variations de température et des secousses qui agitent, remuent la lie et la tiennent en suspension au milieu du liquide dont elle détermine l'acescence, se conservent plus ou moins long-temps. En général, ceux qui sont fins et délicats, ceux qui proviennent de terrains gras et bien nourris, de souches provignées ou trop jeunes, ne sont pas susceptibles de garde. Les maladies les plus fréquentes et les plus dangereuses auxquelles ils sont exposés, sont la *graisse* et *l'acidité.*

La graisse est une altération qui fait perdre aux vins leur fluidité naturelle, et les rend filans comme de l'huile. Elle attaque surtout les vins blancs, les vins mousseux, et en général ceux qui sont faibles ou mal clarifiés. Il est probable qu'ils ne sont si sujets à cet accident, que parce qu'on les met en bouteilles avant qu'ils aient subi les divers périodes de la fermentation. Du moins, M. Parmentier rapporte qu'on a vu en Champagne la moitié d'une cuvée tirée au mois de mars après la vendange, passer à la graisse, tandis que l'autre moitié mise en bouteilles au mois de septembre, est restée constamment dans le même état. « Le moyen le plus simple, ajoute-t-il, de remédier à cette maladie, consiste à transvaser les liquides sur la lie d'un tonneau récemment vidé, à les rouler à la cave, et à les tirer au clair dans une autre pièce. »

Le temps seul suffit pour les rétablir. Il est rare qu'ils filent plus d'un an. Aussitôt qu'on s'aperçoit qu'ils présentent un œil ou une bulle qui s'attache au verre, on ne les touche plus, et on les abandonne à eux-mêmes. Laissés sur place, ils reprennent peu à peu leur transparence, et n'offrent plus aucune trace de l'altération qu'ils avaient soufferte.

Il est moins facile de porter remède à l'acidité. Cette maladie, qui comme la précédente, s'attache aux vins peu spiritueux, est généralement un résultat de leur constitution faible, ou de la négligence qu'on apporte dans les soins qu'ils exigent. En effet, toutes les fois que la levure prédomine, elle décompose la matière saccarine, agit ensuite sur les autres principes de la liqueur, et produit l'acidité, à moins qu'on n'y mette obstacle au moyen du collage, du soufrage, et surtout de la décantation. Comme les vins ne passent jamais à l'aigre tant que la fermentation alcoolique n'est pas terminée, on peut éloigner l'époque critique en les mettant en pièce avant que la substance sucrée ait totalement disparu; le travail se continue et se prolonge sans que l'acescence les menace. C'est par cette considération qu'on ajoute du mout ou du sucre dans les tonneaux.

Quand les futailles sont construites d'un bois qui se tourmente par les variations de température, ou qui cède au liquide des principes astringens, qu'il est assez poreux pour donner issue à l'alcool ou aux fluides élastiques; quand les caves ne sont pas assez profondes, qu'il y règne une chaleur supérieure à dix ou douze degrés centigrades, que la lie séjourne dans la pièce, les vins les plus généreux contractent une tendance à l'aigre. Et ce résultat doit peu nous surprendre, puisque les circonstances dans lesquelles ils se trouvent, sont précisément celles qu'on exige pour l'acétification.

C'est surtout à certaines époques de l'année, que les effets de cette négligence se font plus vivement sentir. Le retour des chaleurs, le moment où la vigne entre en sève, celui où elle fleurit, et que le raisin commence à se nuancer en rouge, entraînent fréquemment la dégénération des vins faibles ou peu soignés. Un brusque changement de température pendant les saisons chaudes, suffit quelquefois pour en déterminer l'acescence.

« Dans les pays, dit M. Chaptal, où le vin a une grande valeur, et où par conséquent l'avarie occasionne des pertes considérables, on a observé que la dégénération acide se manifeste d'abord dans la partie supérieure de la liqueur qui occupe le haut du tonneau, d'où elle descend peu à peu dans toute la masse; et en partant de cette observation, on a été conduit à soutirer le vin par le bas, de manière à séparer tout le liquide qui n'a pas été

altéré. Par ce moyen extrêmement simple,
dès qu'on s'aperçoit que le vin commence à
tourner, on peut en soustraire une grande
partie à la dégénération. Il est probable que
l'acescence ne commence par les couches supérieures ou voisines de la bonde, que parce
que l'air pénètre plus aisément dans cette
partie. »

Il est facile, comme nous venons de le voir,
de prévenir l'acescence en nourrissant l'excès
de levure avec du sucre, du miel ou du moût,
et en interceptant toute communication entre
l'air atmosphérique et la liqueur contenue dans
la pièce. Mais, dès qu'une fois l'acétification
est déterminée, le mal est sans remède. On peut
tout au plus l'empêcher de s'étendre en neu-
tralisant, au moyen de substances saccarines,
l'action du principe végéto-animal qui reste
encore en suspension, et masquer la saveur
acide que le liquide a déjà contractée, par le
goût douceâtre des ingrédiens qu'on emploie.

Divers œnologues avaient recommandé
l'usage de la craie, des cendres, des alcalis et
de la chaux, qui s'emparent de l'acide acétique et le saturent. Mais M. Parmentier repousse cette méthode, et prétend que ces diverses substances forment des combinaisons

solubles, dont l'effet le plus immédiat est de disposer le vin à une décomposition complète.

Les vins contractent encore plusieurs autres altérations qui méritent d'être examinées, quoiqu'elles soient moins dangereuses, tel est par exemple le goût de *fut*, de moisi, etc. Il n'est pas toujours possible de corriger le premier, mais on peut l'affaiblir de manière à rendre la boisson tolérable. On la tire à clair, on la mélange avec de gros vins, on la transvase dans un tonneau récemment vidé, on la passe sur une lie saine, et on roule souvent à la cave la pièce qui la contient. On doit s'abstenir d'employer l'eau de chaux, l'acide carbonique, le chlore, proposés par M. Willemoz, et vantés comme propres à corriger le goût dont il s'agit, ainsi qu'à restituer aux *vins éventés* leur première existence, dans la crainte qu'ils n'exercent une influence préjudiciable sur les principes de l'odeur, de la saveur et de la couleur des vins, et qu'ils ne leur communiquent plus d'imperfection qu'ils n'en avaient d'abord.

« On assure, dit M. Parmentier, qu'en transvasant les vins dans un vaisseau bien conditionné, soufré, et auquel on aurait ajouté quelques onces de noyaux de pêches, il est possible de corriger le goût de moisi ; d'autres prétendent qu'en coupant des nèfles bien mûres en quatre, les enfilant, les laissant macérer dans le vin pendant un mois, et les retirant ensuite, elles ont la propriété d'absorber le mauvais goût ; enfin, il y en a qui conseillent d'y faire infuser, pendant deux ou trois jours, du froment ou une croûte de pain grillée. Sans doute, si ce goût de moisi dépendait du gaz hydrogène sulfuré, les matières farineuses, réduites à l'état de charbon, pourraient devenir efficaces ; mais il en est du vin, parvenu à cet état, comme de celui qui sent le bouchon. Il existe peu de moyens pour corriger un pareil défaut. On le prévient par le nétoyement exact des tonneaux et des bouteilles, surtout par le choix et la préparation des bouchons.»

DE LA MISE EN BOUTEILLES.

Dès que les vins ont fait dans les tonneaux un séjour assez prolongé, que la clarification et le collage les ont dépouillés de substances étrangères, on les met en bouteilles afin qu'ils se perfectionnent et s'améliorent de plus en plus. Pour n'en pas troubler la transparence pendant le soutirage, on place, environ deux pouces au-dessus du fond de la pièce, une cannelle revêtue d'une gaze ou d'un crêpe qui intercepte la colle qu'ils emportent.

Pour qu'ils soient agréables et généreux, il faut qu'ils soient mûrs, c'est-à-dire, qu'ils aient éprouvé la fermentation insensible ; mais s'il est vrai qu'ils parviennent plutôt à cette maturité lorsqu'ils sont en masse considérable, il faut convenir aussi que ce n'est que dans des bouteilles bien bouchées qu'ils acquièrent ce moëlleux, cette finesse, ce velouté qui constituent les vins vieux. Elles ne laissent rien transpirer à travers leurs pores, au lieu que les tonneaux les mieux conditionnés filtrent et transpirent. Dans le premier cas, la fermentation continue son travail avec force, tandis que dans le second, elle est lente et insensible. Il ne faut pas cependant que les vins soient mis trop tôt en bouteilles ; loin alors de se perfectionner, ils se détériorent.

Les bouteilles qui les reçoivent doivent être d'un verre parfaitement uni, et exempt d'un excès de potasse, sans quoi elles rendraient bientôt méconnaissables la couleur, la saveur et l'odeur des liquides qu'elles renferment. On les rince à l'eau pure, et on les passe au gravier. Si elles sont destinées à être remplies de vins fins d'entremêts ou de vins de liqueur, on y passe un peu d'eau-de-vie dans laquelle on trempe l'extrémité du bouchon avant d'en faire usage pour les fermer. Le liège contient souvent une quantité considérable de principe astringent; et comme ce principe, lorsqu'il se trouve en contact avec la liqueur et chargé de l'humidité des caves, détermine la moisissure avec une facilité extrême, il faut avoir la précaution de mettre les bouchons se macérer dans l'eau chaude, et de les faire sécher avant de s'en servir. Ceux qui sont trop spongieux, qui se laissent pénétrer par les liquides, ou qui ont été attaqués par le tire-bouchon ou le poinçon, doivent être rejetés avec soin. C'est souvent à la négligence sur ce point essentiel qu'il faut attribuer les mauvaises qualités des vins.

Dès que les bouteilles sont remplies à un pouce de l'orifice, on les bouche, on les renverse pour juger si le vin ne fuit pas, et on les place par piles de dix à douze rangées, sur des lattes couchées, droites, et assez fortes pour ne pas fléchir sous le poids. Pour soustraire ces liquides à l'influence que la lumière exerce sur eux, on peut employer le sable dans les endroits où il est commun, et d'une qualité plus siliceuse que calcaire; il mérite même la préférence si la cave est humide et chaude. Le premier de ces moyens est cependant celui dont on fait le plus communément usage, parce qu'il est plus expéditif et qu'il occasionne moins de casse.

On cesse de tirer lorsqu'on présume que le tonneau ne renferme plus qu'une petite quantité de liquide. On soulève doucement la pièce, on laisse reposer, et la journée suivante on achève l'opération en mettant de côté les dernières bouteilles, parce qu'elles peuvent contenir un peu de lie et doivent être consommées les premières, ou destinés à la cuisine.

Pour intercepter toute communication entre la liqueur et l'atmosphère, garantir le bouchon de l'humidité, des vers ou de la poussière, on le goudronne avec une epèce de cire dont voici la composition : poix blanche, poix résine et térébenthine, parties égales, alliées au double de chacune de ces substances de cire jaune. On opère la fusion de ce mélange sur un feu doux; et on en revêt les lièges après les avoir scellés avec de la ficelle et du fil de fer. C'est surtout pour les vins mousseux, les vins fins et de liqueur que cette préparation est avantageuse.

DE LA DISTILLATION.

La Distillation des vins et des liquides fermentés est une des branches les plus importantes de l'industrie nationale. Créé et perfectionné par des Français, l'art du bouilleur compte une foule d'appareils heureusement imaginés. Nous nous bornerons à décrire ceux d'Édouard Adam, de Solimani et de Derosne.

L'appareil d'Édouard Adam se compose de diverses pièces qui communiquent ensemble, s'échauffent au moyen des vapeurs qu'elles se transmettent, et dégagent l'alcool contenu dans les liquides dont elles sont remplies. La chaudière qui est destinée à porter toutes les autres à l'ébullition, est fixée dans un fourneau en maçonnerie, et terminée par un dôme d'où s'élève un tube qui plonge jusqu'au fond d'un vase placé à peu de distance; celui-ci est pourvu d'un ajutage semblable qui part de sa partie supérieure, et s'engage dans le second, que le même mécanisme met en communication avec le troisième. Le nombre de ces vases se borne ordinairement à trois; le dernier, qui porte le nom de condensateur, est encaissé par le haut dans une pièce faite en cuivre ou en bois, et pleine d'eau froide tant que la distillation s'opère. Le tube dont ce vase est aussi pourvu se décharge dans un serpentin en étain qui traverse une cuve remplie de vin, hermétiquement fermée, et se prolonge dans l'eau froide que contient une seconde pièce beaucoup plus grande, placée au-dessous.

Indépendamment de cette communication successive, tous les vases ou œufs, comme on les appelle dans les brûleries, communiquent encore d'une manière directe avec le serpentin; tous portent à leur partie supérieure des tubes qui aboutissent à cette extrémité, et versent la vapeur sur les parois qui la condensent. Ils en présentent d'autres dont la direction est opposée, et qui sont destinés à faire connaître à chaque instant l'état alcoolique du vin soumis à la distillation. Ceux-ci se rendent dans un serpentin immergé dans une petite cuve à peu de distance de la chaudière, qui est elle-même pourvue de ce tube éprouvette.

Le liquide à distiller est transporté, au moyen d'une pompe à bras, dans la cuve dont il a été question plus haut, et distribué de là dans les œufs et la chaudière, à l'aide d'un mécanisme que nous allons décrire.

Un tuyau de conduite, qui part de la cuve

et se décharge dans la chaudière, passe au-dessous des vases dont l'appareil se compose, et communique avec eux par des tubes disposés à leur partie inférieure. Aussitôt qu'on tourne les robinets dont les extrémités sont garnies, le vin coule et remplit la chaudière; quand il s'échappe par un robinet qu'elle porte un peu au-dessus du chapiteau, on juge qu'elle est suffisamment chargée, et on arrête le liquide. On ouvre alors le robinet qui intercepte la communication du tuyau avec le premier œuf, et on laisse le vin s'introduire dans ce vase, jusqu'à ce qu'il sorte par un tuyau placé à peu près à la moitié de sa hauteur; on ferme aussitôt que ce signe se manifeste. Le deuxième se charge de la même manière, et les condensateurs, dans lesquels il faut se garder de mettre aucun liquide, reçoivent de l'eau froide dans les réfrigérens dont ils sont munis. Dès que les robinets inférieurs sont tournés, que l'appareil contient toute la substance vineuse qu'il peut admettre, on allume le feu, et on établit une libre communication entre les vases dont l'appareil se compose, afin que les vapeurs n'éprouvent aucun obstacle à leur passage.

Aussitôt que la température s'élève, les principes alcooliques se dégagent et se rassemblent à l'état de fluides aëriformes, dans la partie supérieure de la cucurbite; ils remplissent la capacité du tube et se condensent; mais peu à peu celui-ci s'échauffe, et ils arrivent en vapeur au milieu du liquide dont il est baigné. Divisés en une multitude de petits globules par la tête d'arrosoir qui le termine, ils se réduisent, dégagent une quantité de chaleur considérable, et mettent bientôt la liqueur en ébullition. Dès-lors ils conservent la forme élastique, et se dépouillent, dans le trajet, d'une partie de l'eau qu'ils contiennent. Ceux qui s'échappent du deuxième vase se réunissent à l'alcool légèrement déflegmé du premier, passent dans le troisième, et y produisent les mêmes phénomènes. Et comme la vapeur aqueuse a beaucoup d'affinité pour le vin, qu'elle exige pour se maintenir une température plus élevée que la vapeur alcoolique, ce produit de la distillation se rectifie à mesure qu'il traverse de nouveaux liquides. Après avoir successivement passé d'œuf en œuf, il se rend dans le serpentin supérieur, où il se condense, et de là dans le deuxième, où il achève de se refroidir.

Lorsqu'on veut obtenir de l'alcool, on fait passer les gaz dégagés des vases distillatoires dans les condensateurs. Les parties aqueuses ne peuvent supporter la température trop basse à laquelle ces vases sont maintenus ; elles se condensent et se précipitent, tandis que celles qui sont plus spiritueuses passent dans une seconde, troisième pièce, etc., où elles subissent des réductions successives, et parviennent au serpentin presque entièrement déflegmées.

On peut ainsi donner au produit de la distillation le degré de force qu'on juge convenable. Lorsqu'on ne veut extraire que de l'eau-de-vie preuve de Hollande, ou à 18 degrés, la chaudière et deux œufs suffisent. On intercepte la communication du deuxième vase avec le troisième, on fait arriver directement dans le serpentin les vapeurs qu'il dégage, et on continue l'opération tant que la liqueur obtenue conserve la même force ; quand elle baisse, on la reçoit dans un vaisseau particulier pour la soumettre à une nouvelle distillation. Mais il est beaucoup plus simple, plus économique et plus prompt de faire usage des condensateurs, et de la déflegmer par ce moyen : on tourne le robinet dès que le titre baisse, on remplit le refrigérant avec de l'eau à 60° Réaumur ; l'opération un instant ralentie se rétablit d'elle-même, et donne de l'eau-de-vie qui marque 18 degrés, et souvent au-dessus. Lorsque le condensateur ne produit plus une rectification suffisante, on peut adopter le même moyen à son égard, et en employer un deuxième; de cette manière, on évite les repasses.

Comme il importe de ne pas prolonger inutilement la distillation, et de retirer cependant tout l'alcool contenu dans les vins, on a disposé dans l'appareil un petit mécanisme à l'aide duquel on peut s'assurer à chaque instant de la nature des vapeurs que chaque vase dégage. On tourne le robinet du tube latéral de la chaudière ou de celui des œufs dont on veut constater l'état; les vapeurs en remplissent aussitôt la capacité, se résolvent en liquide et sont reçues dans un vase. On les répand sur le chapiteau, elles se vaporisent et s'enflamment dès qu'on approche un papier allumé, si elles contiennent encore de l'alcool; si elles ne prennent pas feu, l'opération doit être arrêtée. Les bouilleurs nomment cette épreuve *l'épreuve au chapeau*, et disent que la *chaudière est perdue* quand la présence de l'esprit ne se manifeste plus par aucun signe. Lorsqu'on s'est assuré de la sorte que la charge de la chaudière a perdu tous ses principes alcooliques, on ouvre un robinet placé à sa partie inférieure pour donner issue à la vinasse, qu'on fait écouler hors de l'atelier. Si les épreuves faites pour constater la force des liquides contenus dans les autres vases indiquent qu'ils sont entièrement dépouillés, on lève les obstacles qui les retiennent. Ils s'échappent par un tuyau de conduite, arrivent dans la chaudière, et s'écoulent comme ceux dont elle était d'abord remplie. S'ils n'ont pas abandonné tout l'esprit qu'ils renfermaient, ils servent à recharger la cucurbite qu'on achève de remplir avec les *repasses* ou avec du vin, si elles ne suffisent pas. Les œufs reçoivent en échange le vin du serpentin, que la première distillation a fortement échauffé. De cette manière, les opérations sont plus promptes et moins coûteuses.

Dans les petites distilleries où les appareils n'ont que trois œufs, on réussit à faire du trois-six, en substituant dans le dernier, de l'eau-de-vie à 18 degrés, au vin dont il est chargé dans les opérations ordinaires. Dans ce cas et dans ceux où l'on veut porter des repasses dans les vases distillatoires, on se sert d'un tube à grandes dimensions, fixé à demeure sur le tuyau de conduite dans lequel il débouche, entre le premier œuf et la chaudière. On introduit la liqueur au moyen d'un entonnoir placé au-dessus de son orifice, et on la fait passer dans un vase ou dans l'autre, suivant les robinets qu'on ferme et ceux qu'on ouvre. Ce tube porte le nom de *corne d'abondance*.

Lorsque l'opération marche, les vapeurs alcooliques qui dégagent, en se condensant, une quantité de chaleur considérable, élèvent bientôt la température du vin, et lui font éprouver une déperdition plus ou moins abondante. Pour remédier à cet inconvénient, on adapte à la cuve un couvercle en forme de dôme, et muni d'un petit tube au moyen duquel on conduit à volonté la vapeur qui se dégage, dans les œufs ou dans la chaudière. Afin d'éviter également les pertes causées par l'évaporation de l'eau-de-vie pendant qu'elle passe du serpentin dans la barrique qui la reçoit, on ajuste au bout du premier, un tuyau qui plonge par le bondon jusqu'au fond de la pièce; mais, afin de pouvoir suivre la marche du filet, et s'assurer qu'il coule d'une manière égale, la partie supérieure de ce tuyau, qu'on nomme *lanterne* dans les brûleries, est faite en verre.

Pour ménager la chaleur et ne pas courir le

risque de présenter une issue aux vapeurs qui se forment dans le serpentin, on ne fait arriver le vin froid pour remplacer celui qui passe dans la chaudière et les vases distillatoires, qu'avec précaution. Le tube dont la pompe est munie descend jusqu'au fond de la cuve, et ne se décharge que dans sa partie inférieure. Le liquide froid déplace celui qui est chaud, et l'oblige de monter à la surface, d'où il alimente les divers vaisseaux dont l'appareil se compose.

Quoique le mécanisme et la marche en soient faciles à saisir, d'après les détails dans lesquels nous venons d'entrer, nous allons néanmoins, pour dissiper les incertitudes et les difficultés qui pourraient se présenter, en reprendre la description et en suivre sur la planche les diverses parties.

A, fourneau fixe, sur lequel est établie à demeure la chaudière B, dont on ne voit que le dôme, et dont la forme est indiquée par les lignes ponctuées. C, tuyau avec robinet disposé au bas de la chaudière, et destiné à donner issue aux résidus des pièces distillatoires. D, petit tuyau portant aussi un robinet, et destiné à faire connaître quand la chaudière est pleine aux deux tiers. E, petit tube à robinet

mettant la chaudière en communication avec
le tube XXXX, qui part de l'œuf H″ et se termine dans le serpentin F, dont l'objet est de
faire connaître l'état alcoolique des vapeurs qui
se dégagent, soit de la chaudière, soit des autres
vases. G, robinet placé à l'extrémité inférieure
du serpentin dont il vient d'être question. HH′,
vases distillatoires de forme ovale ; H″, condensateur ayant la même forme. HH′ H″,
sont établis sur une construction en bois ou
en maçonnerie, peu importe, pourvu qu'ils
soient bien étayés et qu'ils ne fatiguent pas.
Nous ne dessinons ici que trois œufs, parce
que communément on n'en emploie pas davantage, quoiqu'on puisse d'ailleurs en faire
varier le nombre à volonté. I, tube qui s'élève
du milieu du dôme du chapiteau de la chaudière et qui plonge jusqu'au fond du premier
œuf, où il se termine en tête d'arrosoir, dont
les trous n'ont pas plus de trois millimètres de
diamètre. Ce tuyau est soudé à son entrée dans
le vase, afin de ne laisser aux vapeurs aucune
autre issue que celles par lesquelles elles doivent
s'échapper. M et M′, tuyaux qui s'élèvent de la
partie supérieure des œufs H H′, plongent jusqu'au fond de celui dans lequel ils aboutissent, et
le mettent en communication avec le suivant.

K K', points de soudure de ces tubes. NN', réfrigérant qui enveloppe la partie supérieure du vase H'', et qui est muni d'un robinet pour faire écouler l'eau qu'il contient, lorsque les vapeurs qu'elle condense ont trop fortement élevé sa température. Quand il y a plusieurs condensateurs, tous sont armés de cette même pièce, ou plongent dans une cuve commune et pleine d'eau. P Q, construction qui soutient les vases distillatoires. R R', tuyau de communication entre le deuxième œuf et le serpentin, dont on fait usage lorsqu'on ne veut obtenir que de l'eau-de-vie à 18 degrés ; dans ce cas, on intercepte celle du vase H' avec H'', au moyen du robinet M', qu'on ferme, et de R qu'on ouvre. S, tuyau qui établit la communication entre le condensateur et le serpentin. Quand on emploie l'appareil tout entier, on opère comme nous l'avons dit plus haut : on ferme R et on ouvre M' et S. S'il y avait un plus grand nombre d'œufs, la manière de procéder serait la même. Tous les vases, en quelque nombre qu'ils soient, portent des tuyaux de communication qui se réunissent, et sont soudés avec une pièce sphérique T, dans laquelle se rendent les vapeurs de chaque œuf, pour passer de-là dans un serpentin que renferme la cuve

U. Celle-ci est hermétiquement fermée et pleine de vin que le passage de ces vapeurs échauffe. *a* est le dôme qui la termine, et d'où part un tuyau qui porte celles qui se dégagent de cette cuve, soit dans le vase T, soit dans les œufs ou la chaudière. Elles reviennent ensuite dans le serpentin V, grande cuve au-dessous de la première, où est disposé un serpentin beaucoup plus long que celui dont il a déjà été question; elle est pleine d'eau froide dont on maintient la basse température en en faisant entrer de nouvelle par un tube qui dégorge dans sa partie inférieure. Celle qui s'échauffe s'élève à la surface, d'où elle s'échappe et coule hors de l'atelier par un tuyau fixé le long de la cuve par des brides de fer d d' d". f f' f", tuyau de conduite par lequel une pompe à bras, aspirante et foulante, porte le vin dans la cuve U, d'où il se répand par la partie inférieure.

g g' g", tuyau de communication entre la cuve, les œufs et la chaudière.

h i k, robinets pour établir ou intercepter la communication avec le tuyau de conduite g g' g".

l l' m n, robinets pour établir ou intercepter la communication de chaque œuf, soit avec la chaudière pour les vider, soit avec la cuve pour les charger.

o o' o", tuyau par lequel on introduit, au moyen de l'entonnoir, l'eau-de-vie ou les repasses qu'on veut porter soit dans les œufs, soit dans la chaudière ; il est soudé au tuyau g g' g", dans lequel il se dégorge, et fixé avec l'appareil au moyen de deux brides, dont une est clouée à la charpente P Q, et dont l'autre est attachée au premier œuf ; ce tuyau porte, comme nous l'avons déjà dit, le nom de *corne d'abondance*.

Cet appareil, beaucoup plus simple qu'il ne fut exécuté dans l'origine, n'est plus sujet aux mêmes accidens d'explosion. En ne conservant que deux vases distillatoires et un ou deux condensateurs au plus, les bouilleurs ont diminué l'énorme pression qui s'exerçait sur les parois de la chaudière ; ils ont rendu l'opération plus sûre et moins difficile à conduire. Mais ces améliorations ne sont pas les seules dont cette machine soit susceptible : M. Lenormant en a proposé plusieurs autres dans les Annales des arts et des manufactures, et dans l'ouvrage qu'il a publié sur *l'art de distiller des eaux-de-vie et des esprits*. La première consiste à éviter la déperdition du calorique qu'entraine la séparation des œufs.

Cet écrivain pense qu'il serait convenable de changer la forme qu'ils ont communément, et de leur donner celle d'un cube, sur les deux faces opposées duquel on élèverait des pyramides quadrangulaires : cette disposition permettant d'adosser les vases l'un à l'autre, rendrait une des cloisons inutile ; il y aurait ainsi économie de matière et de combustible. Afin de diminuer la perte de la chaleur émise par les surfaces extérieures, il conseille d'enfermer le système entier dans une caisse faite avec une substance peu conductrice, telle que du bois par exemple. L'appareil plongé dans un bain d'air chaud serait maintenu en ébullition avec moins de feu, et les derniers œufs qui souvent, faute d'une température assez élevée, ne subissent qu'une distillation lente, se mettraient en équilibre avec le reste du système. M. Lenormant remarque avec raison que les dimensions et la forme des serpentins les rendent dispendieux, difficiles à construire et à nettoyer ; en conséquence, il désire qu'on leur substitue le condensateur du baron de Gedda, dont les bons effets sont reconnus par tous ceux qui en ont fait usage. « Ce condenseur dont il donne la description, consiste en deux cônes tronqués et renversés, passés l'un dans

l'autre , laissant entre eux un intervalle
fermé en haut et en bas par des anneaux soudés
aux cônes ; c'est dans cet espace , qui est trois
fois plus large en haut qu'en bas , que s'opère
la condensation des vapeurs alcooliques. Le
cône entier étant tronqué , laisse passer l'eau
du réfrigérant, laquelle frappant les surfaces
intérieure et extérieure du condenseur cònique,
refroidit très-promptement la liqueur. Le diamètre supérieur du cône supérieur est à son
diamètre inférieur comme 7 est à 4; la hauteur
des cônes est au grand diamètre du cône extérieur , à peu près comme 5 est à 2. Le petit
diamètre du cône intérieur est à celui du cône
extérieur , environ comme 18 est à 21 ; et la
différence de leurs grands diamètres, comme
21 est à 3o. Ainsi , dans les plus grands condenseurs qui ont environ six pieds de haut ,
et servent pour des alambics d'environ cent
pieds cubes de contenance , l'intervalle en bas
n'est que d'un pouce et demi , tandis que l'espace supérieur est de cinq pouces environ. Les
condenseurs de moindres dimensions sont établis d'après ces proportions. »

Ce condenseur est muni , à sa partie supérieure , d'un tuyau qui sort de la cuve pour
se luter aux vases distillatoires, et porte dans

le bas un tube qui s'engage dans la futaille
où il conduit la liqueur. La capacité de cet
appareil étant considérable dans le haut, permet aux vapeurs d'y séjourner jusqu'à ce qu'elles
soient assez réfroidies pour se condenser; la
partie inférieure se maintient constamment à
une basse température, quoique l'eau contenue
dans la cuve soit très-chaude à sa surface; et
la liqueur qui s'en échappe est toujours d'un
froid glacial, même au milieu des chaleurs de
l'été.

Appareil de M. Solimani, *médecin à Nîmes.*

Pendant qu'Édouard Adam imaginait l'appareil que nous venons de décrire, M. Solimani, qui s'occupait du même genre de recherches, en faisait exécuter un qui l'emporte
sur le premier, à bien des égards; il réunit à
la fois économie de temps, de main-d'œuvre,
de combustible, et donne des produits plus
suaves et plus abondans. La description qu'en
ont publiée les commissaires de l'Académie du
Gard chargée de l'examiner, en fera sentir
tous les avantages; nous allons l'extraire en
conservant, autant que possible, la rédaction
originale.

« La machine distillatoire de M. Solimani renferme un double appareil dont chacun est composé :

» 1° D'un fourneau ;

» 2° D'un bassin à vapeurs ;

» 3° De deux chaudières ;

» 4° D'un appareil particulier que l'inventeur a nommé *alcogène*, et que nous appelons *condensateur* ;

» 5° D'un condenseur ;

» 6° D'une pompe.

» Pour bien concevoir cette machine, il faut examiner avec soin la construction, la disposition et l'usage de ces six pièces principales.

» 1° *Le fourneau.* Il est établi d'après les principes de M. Servan. C'est la seule partie pour laquelle l'auteur ait emprunté les lumières d'autrui ; toutes les autres parties ont été construites d'après ses idées particulières.

» La flamme obligée de circuler sous la bassine, où elle fait plusieurs évolutions, rencontre de distance en distance des obstacles qui la font tourbillonner, et raniment son activité en accélérant sa vitesse ; l'effet est si grand que, quoique le foyer où repose la houille n'ait pas au-delà de trois décimètres en carré, de dimension, et que la flamme du charbon de terre soit fort courte de sa nature, elle forme ici un ruban de plus de onze mètres pour parvenir à l'extrémité du chemin qui lui est ouvert. Toute la fumée se consume, et quarante centimes de combustible suffisent à la distillation d'un muid de vin. La largeur du canal où la flamme circule est d'environ deux décimètres à son origine, et va toujours en se rétrécissant.

» 2° *La bassine à vapeur*. Au-dessus du fourneau, et sur un massif de maçonnerie, repose une bassine en cuivre, de forme parallélogrammique, dont la longueur est de trois mètres, et la largeur d'un mètre et demi. L'eau qu'elle contient, et qui ne s'élève pas au-delà de deux ou trois décimètres environ, s'échauffant au feu du fourneau, est bientôt réduite en vapeurs. Ces vapeurs sont comprimées par de fortes parois en briques, et par une voûte épaisse construite en pierres de taille, qui recouvre la bassine et la chaudière établies dans cette cavité. Elle porte à sa partie supérieure une soupape de sûreté qui peut être chargée ou allégée à volonté, et qui sert à régler, à constater la chaleur plus ou moins grande des vapeurs qu'elle retient, et dont la température peut être élevée au-delà de 80 degrés.

» Un niveau en verre, qui communique avec l'intérieur de la bassine, indique l'élévation de l'eau que celle-ci contient.

» Ces vapeurs, ainsi comprimées et chauffées, admettent une quantité considérable de calorique qu'elles abandonnent et cèdent aux corps avec lesquels elles viennent à se mettre en contact.

» 3° *La chaudière* est plongée dans l'atmosphère qu'elles forment par leur assemblage ; et le vin dont elle est remplie se vaporise promptement. *Le calorique*, dégagé par les vapeurs abondantes qui s'élèvent de la bassine, se porte sur ce liquide, le pénètre et le gazéifie sans relâche ; la forme et les dimensions du vase en favorisent encore l'effet. Pour augmenter la surface et accroître l'évaporation, il est construit à double, ou composé de deux vaisseaux dont les fonds communiquent par le moyen d'un tube. L'un et l'autre sont de forme carrée, présentent des côtés de cinq décimètres de haut sur douze de large, et se réunissent par leurs chapiteaux. Le collet des chaudières est cylindrique ; il a trois pieds de diamètre, et présente aux vapeurs de vin un chemin facile dans lequel leur expansion peut être aisément soutenue. La hauteur des collets ne dépasse l'épaisseur de la voûte que de la quantité nécessaire pour consolider le chapiteau qui repose presque sur la partie supérieure de la maçonnerie.

» Les chaudières sont supportées au-dessus de la bassine par des barres de fer.

» Le genre de distillation dont il s'agit ici réunit aux avantages que présente le bain-marie, celui de la température élevée que sont susceptibles d'acquérir les vapeurs aqueuses fournies par la bassine. Cette méthode n'offre aucun danger, ni pour les vaisseaux, ni pour les produits, puisque les uns et les autres n'ont point de contact avec la flamme, et n'éprouvent ses effets que par transmission : circonstance bien intéressante, et dont les applications fécondes doivent produire dans les arts une révolution dont il est impossible de prévoir toutes les heureuses conséquences.

» Les vapeurs que donne le vin contenu dans les chaudières se réunissent par les chapitaux, ainsi que nous l'avons fait observer précédemment, enfilent un tube et descendent dans un réservoir où elles se rassemblent et se lavent.

» On pourrait ici les recevoir dans un réfrigérant, et c'est ce qui se pratique dans les distilleries ordinaires ; on soumet ensuite l'eau-

de-vie qui en résulte à des opérations successives qui ont pour but de lui enlever son flegme
et de porter l'alcool aux divers degrés de con-
centration que le commerce exige. Mais M. Solimani cherchait à l'obtenir à cet état de rectification par une seule chauffe, et c'est à quoi
il est parvenu au moyen de l'appareil suivant,
le plus ingénieux, sans contredit, de tous ceux
qui composent sa machine.

» 4° *L'alcogène*. Cette pièce, que l'inventeur
désigne quelquefois par l'épithète de déflegmant, est faite de deux feuilles de cuivre
parfaitement étamées et soudées par les bords;
pliées de manière à former une suite de plans
inclinés l'un à l'autre, d'environ 45 degrés,
elles laissent entre elles un intervalle de quatre
millimètres et demi (deux lignes), et sont en-
fermées dans une barrique de bois d'une grandeur convenable, et pleine d'eau.

» Parvenues dans le réservoir où nous avons
dit qu'elles se lavent, les vapeurs s'échappent
par un gros tube et arrivent dans la partie inférieure de l'alcogène, qui présente par sa
forme, la plus grande surface que son volume
comporte, à l'impression du liquide dont il
est couvert, et offre aux vapeurs un espace
considérable à parcourir. On sait que la den-

sité de l'alcool ordinaire est à celle de l'eau distillée comme 8,371 est à 10,000, et que le premier liquide obéit plutôt que le deuxième à l'action du calorique ; la vaporisation de l'un n'exige que 60 degrés Réaumur, tandis que celle de l'autre en demande 80. Les vapeurs arrivant échauffées dans l'alcogène, subissent l'analyse au moyen d'une soustraction de chaleur faite par le fluide qui le baigne.

» Si, d'après cela, on porte à 45 degrés la température de l'eau dans laquelle sont plongés les plans inclinés dont il se compose, l'alcool qui peut la supporter sans se réduire, s'élèvera dans l'intervalle de ces mêmes plans, tandis que les vapeurs aqueuses qui ont besoin, pour se maintenir, d'une quantité de calorique considérable, se précipiteront. Ainsi, en tenant le bain à 44 ou 46 degrés, on obtient à volonté du trois-cinq, du trois-six, etc.

» Le calorique, dégagé par les vapeurs qui arrivent en abondance dans les plans inclinés de l'alcogène, se combine avec l'eau qui les enveloppe, et en élève promptement la température. Le bain cesserait bientôt de remplir son objet, si on ne l'empêchait de dépasser les limites dans lesquelles se fait le départ des esprits qu'on distille ; mais le procédé à l'aide duquel on peut le maintenir, doit être tel, qu'il n'exige pas le concours des ouvriers : et c'est à quoi M. Solimani est parvenu au moyen d'un aréomètre mobile qui, mis en équilibre à 40 degrés, suit les variations thermométriques, s'élève et s'abaisse avec elles, et introduit par une soupape qui obéit à ses mouvemens, l'eau froide nécessaire pour le rétablir dans l'état où il se trouvait d'abord.

» Les avantages de cet appareil sont étonnans, est-il dit dans le rapport, pour tous ceux qui en ont été témoins. Quatre feuilles de cuivre carrées, de cinquante centimètres de largeur, n'occupant que soixante-six centimètres de hauteur, placées dans le réservoir en bois, recouvertes d'eau, communiquant d'un côté avec la chaudière, à l'aide d'un tuyau qui s'adapte à son chapiteau ; et de l'autre, au serpentin descendant, rectifient en seize heures six cents veltes d'eau-de-vie, et cela sans aucun embarras, sans aucun travail, indépendamment de l'économie du temps, du combustible et de la main-d'œuvre. Cette forme d'appareil influe sur la qualité des esprits ; ils sont infiniment plus doux, plus suaves que les autres ; car cette espèce d'analyse du vin s'opère tranquillement, sans aucune espèce de

combustion, les esprits étant constamment
tempérés par l'eau qui ne peut jamais, à l'aide
du régulateur dont nous avons parlé, atteindre
à un plus haut degré de température que celui
qui est nécessaire pour leur rectification.

» 5° *Le condenseur*. Suivons maintenant la
marche des vapeurs. En sortant de l'alcogène,
elles entrent dans le condenseur descendant
ou dans le réfrigérant, au moyen d'un tube
de communication qui va de l'un à l'autre.
Celui-ci est formé de six plans inclinés semblables à ceux du déflegmant. L'expérience
prouve que cette forme est la plus avantageuse pour la condensation des vapeurs.

» L'eau froide amenée dans le réservoir du
condenseur, par un tube qui se décharge dans
sa partie inférieure, s'y renouvelle sans cesse,
et l'alcool, dont la température est toujours
plus basse que celle de l'atmosphère, s'écoule
dans le vase destiné à le recevoir.

» 6° Les résidus de la distillation sont rejetés dans la chaudière par un corps de pompe
foulante, au moyen d'un tube recourbé ; ils
y arrivent très-chauds, et ne nuisent nullement
à l'expansion des vapeurs. De cette sorte, la
distillation tournant sur elle-même, et recom-
mençant sans cesse, enlève incessamment jus-

qu'aux derniers atômes d'alcool. Il n'y a jamais de repasse ; l'analyse est entière. Les résidus passent à volonté du réservoir dans la pompe, à l'aide d'un robinet à siphon. »

Telle est la description que donnent les commissaires, de l'appareil de M. Solimani. Les avantages de cette méthode sont, disent-ils, inappréciables : promptitude, sûreté dans la distillation, point de repasse, point ou presque point d'évaporation ; à peine sent-on dans l'atelier l'odeur des esprits ; économie immense dans le temps, la main-d'œuvre et le combustible, puisque cette machine fait en une seule opération ce qui en exigeait jusqu'à présent au moins trois, différentes et successives.

Elle donne aussi une augmentation considérable dans les produits ; nous les avons examinés comparativement à ceux des ateliers les mieux dirigés, et nous nous sommes assurés des résultats suivans :

Trente myriagrammes ou six quintaux de vin, distillés en neuf heures, donnent depuis un cinquième jusqu'au tiers de leur poids en eau-de-vie, dans les brûleries des frères Argand, ou dans celles qui sont conduites sur les principes de M. Chaptal.

L'appareil de M. Solimani distille, dans le

même temps (neuf heures), cinq cent treize myriagrammes ou cent cinq quintaux de vin, et use quinze myriagrammes ou trois quintaux de combustible. Les vins rendent en alcool trois-six, jusqu'à un sixième de leur poids.

Il résulte de ces détails qu'en temps égaux, et avec une économie des deux tiers du combustible, le nouvel appareil distille en alcool dix-huit fois autant de vin que les appareils ordinaires en distillent en eau-de-vie.

« Enfin on ne peut, ajoutent-ils, contester la qualité supérieure des esprits distillés par cette méthode. Nous avons été témoins nous-mêmes de la justice éclatante que leur a rendue un agent désintéressé d'une grande maison de commerce en liqueurs. Ils ont d'ailleurs obtenu sur ceux de bon goût un avantage de cinq pour cent dans les ventes, comme nous nous en sommes convaincus.

Nous ne nous étendrons pas davantage sur cet appareil et ceux du même genre, qui sont employés dans les départemens méridionaux. Les personnes qui désirent des renseignemens plus amples peuvent consulter l'ouvrage de M. Lenormant, sur *l'art du distillateur des eaux-de-vie et des esprits.*

Personne n'ayant encore fait connaître l'appareil de M. Derosne, nous allons en donner la description telle qu'elle nous a été communiquée par l'auteur.

NOUVEL APPAREIL DISTILLATOIRE CONTINU.

« Cet appareil se compose essentiellement :

» 1°. D'une chaudière chargée de fournir exclusivement de la vapeur A.

2°. Des appareils de distillation proprement dits B et C.

» 3°. D'un rectificateur D.

» 4°. D'un condensateur chauffe-vin E.

» 5°. D'un réfrigérant couvert F.

» 6°. D'un régulateur G.

» 7°. D'un réservoir H.

» 8°. D'un sceau de vendange ou régulateur de pression J.

De la Chaudière A.

» La chaudière A est exclusivement destinée à fournir la vapeur nécessaire pour la distillation, soit que cette vapeur soit produite par de l'eau pure, soit qu'elle soit produite par la matière qui a été distillée.

» Lorsque la chaudière n'est alimentée qu'avec de l'eau, on peut l'y faire arriver déjà bouillante, d'une chaudière préparatoire supérieure qui reçoit l'excédent de la chaleur du fourneau. De cette manière, on peut se dispenser d'arrêter la distillation pour charger la chaudière, et le feu est exclusivement employé à produire des vapeurs.

» Lorsqu'on distille des liquides, on peut les faire arriver dans la chaudière ; mais lorsqu'on distille des matières pâteuses, il est toujours plus avantageux de les distiller par la vapeur d'eau pure.

Des appareils où s'opère la distillation proprement dite.

» Les appareils B et C sont les appareils de distillation proprement dite ; la distillation ne s'opère dans ces appareils qu'au moyen de la vapeur qui se met en contact direct avec la matière à distiller.

» Dans la partie B, la distillation a lieu par le moyen des tubes plongeurs qui portent la vapeur à travers la matière par compression.

» Dans la partie C, la distillation a lieu par le moyen de la vapeur sortant de B, qui alors est forcée de se mettre en contact avec le liquide soumis à la distillation, et qui se présente à l'action de la vapeur dans un grand état de division.

B. *Caisse de distillation par compression.*

» Cette caisse est composée d'une réunion de quatre autres caisses carrées, communiquant les unes avec les autres par leurs parties inférieure et supérieure.

» La matière soumise à la distillation circule de caisse en caisse par la partie inférieure, et de droite à gauche. La vapeur, au contraire, qui produit la distillation, circule par des tubes placés à la partie supérieure ; et elle est forcée à prendre sa marche de gauche à droite. De cette manière la vapeur et la matière soumise à la distillation se croisent continuellement, de sorte que la vapeur la plus aqueuse est celle qui est en contact avec la matière la plus dépouillée d'eau-de-vie, et que plus elle s'avance dans l'appareil, plus la matière qu'elle rencontre est riche en esprit.

» La vapeur, en passant successivement dans les quatre caisses, produit une grande agitation dans la matière qu'elle divise considérablement ; et c'est au moyen de cette agitation, de cette division et du calorique dégagé, que s'opère la distillation de la matière qui circule dans les caisses.

» Afin que la division soit très-grande, et que d'un autre côté la compression ne soit pas trop forte, on a construit chaque caisse de manière qu'elle ne puisse contenir que quelques pouces de liquide.

De la colonne distillatoire C.

» C'est dans cette colonne que se prolonge la distillation, au moyen de la vapeur mise en contact direct avec le vin ou la matière à distiller. Cette matière parcourt l'intérieur de la colonne en formant une série de cascades sur les plateaux qui la garnissent. La vapeur sortant de B prend continuellement une marche opposée à la matière ; il résulte de cette marche opposée une multitude de points de contact qui favorisent beaucoup la distillation.

Les parties d'appareil B et C, pourraient chacune isolément former un appareil distillatoire, surtout en augmentant leurs dimensions, c'est-à-dire en augmentant le nombre des cases de B, ou en augmentant la hauteur et le diamètre de la colonne C, et le nombre des plateaux intérieurs. Lorsqu'on emploie seulement C, on peut la placer directement sur la chaudière, ce qui, au premier coup-d'œil, paraît beaucoup simplifier l'appareil, surtout si on surmonte la colonne par le rectificateur D, ou qu'on dispose l'appareil de manière qu'elle enferme le rectificateur. Mais cette simplification n'est qu'illusoire, et on a reconnu par l'usage que la réunion de B et de C avait de grands avantages. Cependant, lorsqu'on distille des matières pâteuses liquides, peu riches en eau-de-vie, et qu'on n'a pas l'intention d'obtenir un degré spiritueux très-élevé, on peut supprimer la colonne C.

» Lorsqu'on veut obtenir un degré très-rectifié en distillant des matières pâteuses, qui en général sont très-pauvres en eau-de-vie, il y a plus d'avantage à employer la colonne C.

» Mais alors il faut avoir soin que la matière à distiller forme une pâte liquide bien homogène, et qui ne contienne pas de corps étrangers qui pourraient finir par obstruer les plateaux de la colonne, et mettre obstacle à la distillation.

Du rectificateur D.

» Cette partie de l'appareil est destinée à la rectification des eaux-de-vie faibles qui sont condensées dans le condensateur chauffe-matière E. Ces eaux-de-vie arrivent sur la partie supérieure du rectificateur, et tombent sur les plateaux qu'il renferme. Ces plateaux qui, dans l'appareil figuré, sont au nombre de huit, sont eux-mêmes séparés par de nombreuses divisions, qui forcent les eaux-de-vie faibles à parcourir beaucoup de chemin en peu d'espace. Les eaux-de-vie faibles passent successivement du premier plateau supérieur sur les autres plateaux inférieurs, et pendant cet écoulement elles éprouvent une nouvelle distillation au moyen de la vapeur aquoso-spiritueuse qui sort de la colonne C. Cette vapeur cède une partie de son calorique pour former des vapeurs plus spiritueuses qu'elle-même; et par suite de cette cession de calorique, il résulte condensation de la partie aqueuse de la vapeur primitive qui passe à l'état liquide et se mêle au résidu des eaux-de-vie faibles soumises à la rectification. La partie non condensée, qui est la plus spiritueuse, se mêle avec les vapeurs qui viennent de se former, et ces deux vapeurs réunies se rendent dans le condensateur chauffe-matière pour y être de nouveau condensées partiellement. Les eaux-de-vie faibles qui, par suite de la nouvelle distillation qu'elles viennent d'éprouver, sont ramenées à l'état de petites eaux très-pauvres , et qui se trouvent mêlées avec le produit aqueux de la vapeur primitive condensée , sont ramenées dans la quatrième case de B , et y sont alors confondues avec la matière soumise à la distillation.

» Lorsqu'on veut obtenir des esprits très-forts en degré , on peut faire revenir sur la partie supérieure du rectificateur des eaux-de-vie très-fortes et même des esprits, qui, par leur rectification, donnent toujours des esprits plus spiritueux qu'ils ne l'étaient auparavant.

» Ce moyen d'obtenir des produits rectifiés est beaucoup plus expéditif que celui par la condensation graduée , d'après le système d'Isaac Berard , avec lequel toutefois il peut fort bien se combiner.

Du condensateur chauffe-matière et déphlegmateur E.

» Cette partie d'appareil joue un rôle très-important dans ce système de distillation ; elle sert à trois objets différens , mais qui sont ici nécessairement dépendans l'un de l'autre.

» 1°. Elle sert à chauffer le vin ou la matière quelconque à distiller , afin qu'elle parvienne aussi chaude que possible sur la partie d'appareil où elle doit être distillée.

» 2°. Elle sert en même temps à opérer la condensation des vapeurs qui circulent dans le serpentin qui en fait partie. Cette condensation est complète ou partielle à volonté.

» 3°. Lorsque la condensation est partielle, ou même lorsqu'elle est complète, on peut déphlegmer à volonté les produits de la distillation, en produisant d'abord la condensation des parties les plus aqueuses, et successivement plus ou moins spiritueuses, selon la température maintenue dans les différentes parties de l'appareil.

» La matière qui doit être distillée arrive dans E par sa partie inférieure, et s'élève dans le bain du serpentin, en s'échauffant graduellement et en déplaçant continuellement la partie précédemment chauffée.

» La vapeur qui entre dans le serpentin chauffe cette matière, et se condense suivant la température qu'elle trouve. Lorsque cette température est très-élevée, il n'y a que la partie aqueuse mêlée de peu d'alcool qui se condense. Lorsqu'au contraire la température est trop basse, la totalité de la vapeur se trouve condensée. En général, plus l'endroit où la vapeur se condense est éloigné de son point de départ, plus le produit qu'on obtient est fort et spiritueux.

» Les produits condensés sont recueillis, à volonté, ou ramenés sur le rectificateur, pour y éprouver une nouvelle distillation ; c'est pour cet usage qu'on a adapté au serpentin intérieur des robinets qui versent les produits condensés dans un tube qui les dirige ensuite sur le rectificateur D.

» On peut faire en sorte qu'il n'y ait que les parties aqueuses, mélées toujours de plus ou moins d'esprit, qui soient condensées dans cette partie de l'appareil; le reste des vapeurs composé des parties les plus spiritueuses, va alors se condenser dans le réfrigérant couvert F.

» Si on laissait la température s'élever à un trop haut degré dans la pièce E, il en résulterait qu'il y aurait très-peu de condensation dans les hélices du serpentin, et les produits seraient très-faibles.

» Si au contraire on y maintenait une température trop basse, et que les robinets fussent ouverts, il en résulterait qu'on n'obtiendrait pas de produits, parce qu'ils seraient toujours ramenés sur le rectificateur à fur et mesure qu'ils seraient condensés dans le serpentin de E.

» La température de E dépend toujours de la quantité de vapeurs produites dans la chaudière, comparée à la quantité de liquide ou matière à distiller qui y arrive.

» Une instruction placée plus bas indiquera les précautions qu'il faut prendre pour obtenir de cette partie d'appareil tous les avantages que l'on doit en attendre.

» Lorsqu'on ne veut pas obtenir de degré, la pièce E peut seule suffire pour la condensation et le refroidissement du liquide condensé ; dans ce cas la pièce F devient inutile.

Du réfrigérant F.

» Cette partie est destinée à condenser définitivement les vapeurs alcooliques qui ne l'ont pas été en E, et à refroidir le liquide produit par cette condensation, ou celle qui aurait pu avoir lieu en E ; c'est dans cette partie d'appareil que le liquide à distiller arrive froid, et commence à s'échauffer avant de se rendre en E.

Du régulateur G *, et du réservoir* H.

» La matière qui doit être distillée est contenue dans un réservoir quelconque, auquel est adapté un robinet qui n'en laisse sortir qu'une quantité voulue. Cette quantité est déterminée par une boule flottante qui surnage le liquide contenu dans un baquet G, auquel est adapté un robinet (60). Le baquet armé d'un robinet, la boule flottante (61) à laquelle est fixée une tige de fer qui fait manœuvrer la clef du robinet (62) du réservoir, forment, par leur réunion, ce qu'on nomme le régulateur.

» Lorsqu'on veut régler la quantité de liquide qui doit s'écouler dans un temps donné, on ouvre le robinet du baquet, qui a d'abord été rempli de liquide ; celui-ci, en prenant son écoulement, fait baisser la boule flottante qui le surnage, et cette dernière, au moyen d'une tige de fer qui la tient attachée à la clef du robinet du réservoir, fait mouvoir cette clef, et détermine par conséquent l'écoulement du liquide du réservoir, dans la même proportion que celle du liquide qui sort par le robinet du régulateur.

Du sceau de vidange, ou tube de pression et de sûreté J.

» Cette partie d'appareil peut être placée à deux endroits différens, selon la manière dont on procède à la distillation. Si le résidu de la distillation entre dans la chaudière, le tube de compression doit être adapté à la chaudière. Si on distille par la simple action de la vapeur, il doit être placé sous la première case de B.

» On nomme cette partie tube de compression et de sûreté, parce qu'elle est employée pour faire équilibre à la pression qui a lieu dans tout le reste de l'appareil.

» Sa longueur doit être telle, que le liquide qui y est contenu oppose à la vapeur plus de résistance qu'elle n'en trouve dans tout le reste de l'appareil. J forme tube de sûreté dans le cas où le liquide ou la matière pourraient s'accumuler dans les cases de B; alors la résistance que ce liquide accumulé présente à la vapeur, étant plus grande que celle qu'elle trouve dans le tube de J, cette vapeur chasse le liquide contenu dans ce tube, et trouve alors une issue au lieu de servir à la distillation. Ce cas n'arrive que dans une circonstance prévue, et pour laquelle on trouvera plus loin une instruction.

» Cela pourrait encore arriver si on produisait dans la chaudière plus de vapeurs qu'il n'en pourrait passer par les tubes de l'appareil ; mais ce cas doit être extrêmement rare ; et, avant de l'attribuer à cette cause, il vaut toujours mieux s'assurer s'il ne dépend pas de ce que les cases sont beaucoup plus pleines qu'elles ne doivent l'être.

MARCHE DE CET APPAREIL.

» La marche de cet appareil n'est pas difficile à diriger, elle exige cependant un ouvrier exact et soigneux, qui sache bien conduire son feu.

» Tout le système de la distillation étant basé sur l'action de la vapeur sur la matière qui doit être distillée, l'objet le plus important est toujours de faire concorder la quantité de vapeur produite dans la chaudière, avec la quantité de matière qui doit être soumise à la distillation. Si la vapeur était trop abondante, comparativement à la masse de liquide ou matière soumise à la distillation, il en résulterait qu'on ne pourrait pas obtenir l'eau-de-vie au degré auquel on la demande. Si on n'en créait pas assez, il en résulterait qu'on pourrait être dans le cas de ne pas retirer la totalité de l'eau-de-vie contenue dans la matière. Cependant l'appareil est construit de manière à donner quelque marge sous ce rapport, et à ce qu'une légère négligence soit sans conséquence.

» Un autre objet très-important est de luter exactement toutes les jointures de l'appareil, pour qu'il n'y ait de déperdition ni de vapeur spiritueuse, ni même de vapeur aqueuse, puisque le moindre inconvénient qui puisse en résulter est celui de brûler du combustible en pure perte.

» Pour tirer tout le parti dont cet appareil est susceptible, il faut que la distillation ne soit pas interrompue : cette condition néanmoins n'est pas de rigueur; mais une fois que le système est échauffé, on gagne beaucoup sur la quantité de matière qu'on peut distiller. La mise en train étant ce qu'il y a de plus long dans cette méthode, on l'évite en continuant jour et nuit.

Explication pour la mise en train.

» On suppose que l'appareil distillatoire n'a pas été employé depuis quelque temps, ou même qu'il n'a jamais servi. Les précautions à prendre doivent varier suivant que la chaudière renferme de l'eau pure ou qu'elle reçoit la matière même soumise à la distillation.

» Supposons que la substance alcoolique n'entre pas dans la chaudière ; on commence par l'emplir d'eau jusqu'au niveau de la partie supérieure de l'indicateur de verre K.

» On a eu soin de luter exactement toutes les jointures de l'appareil , de manière que le lut ait eu le temps de sécher avant que la vapeur sorte de la chaudière. On a dû emplir d'eau ou de vinasse résultant d'une opération précédente le tonneau ou vase J (10), placé au bas de la partie d'appareil B.

» Pendant que l'eau de la chaudière chauffe , ou même auparavant, mais surtout avant qu'il se forme de la vapeur, on emplit de vin toutes les parties de l'appareil qui doivent en contenir ; en conséquence on ouvre le robinet (60) du seau du régulateur G , qu'on suppose déjà plein. Le liquide , en se vidant , fait mouvoir la clef du robinet (62) du réservoir H , de manière à ce qu'il sorte du réservoir la même quantité de liquide que par le robinet du régulateur. Ce liquide coule par l'entonnoir (54), dans le tube droit (55), remplit l'intérieur du bain de F, et n'entre pas dans le serpentin que celui-ci renferme. Il en sort par la douille (56) pour remplir le tube (57); il se vide alors dans le tube (44), remplit l'intérieur du bain de E. Ce bain étant rempli, le liquide sort par la douille (45), parcourt le tube (46), et vient se rendre en (22) sur la partie supérieure (23, 24) de la colonne. Il en parcourt les plateaux intérieurs, et tombe dans la division (4) de la caisse B. Le liquide remplit cette division (4) jusqu'au niveau du diaphragme (12) seulement; alors il passe dans la division (3) qu'il remplit de même, et successivement dans la division (2) et dans la division (1), dont il franchit également le diaphragme (12); il tombe alors par le tube (8) dans le tube (9) de J, lequel tube (9) doit plonger entièrement dans un tonneau (10) J. Aussitôt que le liquide commence à sortir par la partie supérieure de (10), on ferme le robinet du régulateur, et on suspend son écoulement jusqu'au moment qui sera indiqué plus bas. Alors on pousse le feu; bientôt l'eau contenue dans la chaudière entre en ébullition; la vapeur s'échappe par le tube (m, 1, 2, 3), fait pression sur le liquide contenu dans la division (1), et passe à travers ce liquide et

25*

l'échauffe. Lorsque la température de ce liquide est élevée au point de ne pouvoir plus condenser de vapeur, celle-ci, chargée de l'eau-de-vie contenue dans la division qu'elle vient de parcourir, enfile le tube (5, 3), et va se rendre dans la suivante pour y produire le même effet ; cet effet se continue de même dans les divisions (3) et (4), toujours en enlevant une partie de l'eau-de-vie contenue dans le liquide qu'elle a traversé.

» La vapeur, chargée de l'eau-de-vie qu'elle a enlevée dans les divisions de B, passe dans la colonne C, qu'elle échauffe en se condensant d'abord en totalité et ensuite en partie. Lorsque la colonne est très-chaude, la vapeur passe par le tube (21, 25, 26), et vient se rendre dans la partie inférieure de D. Elle élève la température de tous les plateaux contenus dans D; et lorsqu'elle est portée au point de ne pouvoir plus condenser de vapeur, celle-ci se rend par le tube (27, 33, 34, 35), dans la double enveloppe du condensateur déphlegmateur E. Elle se répand dans l'intérieur de la double enveloppe en échauffant le liquide renfermé dans le bain du serpentin de E. Elle s'y condense d'abord en totalité; puis, lorsque la température de la partie supérieure de E est suffisamment élevée, la vapeur non réduite se rend dans l'intérieur du serpentin, où elle se condense d'abord en totalité (lorsqu'on commence l'opération, les robinets (38, 39, 40) doivent être fermés) : le produit parcourt le serpentin et sort par le tube (42, 50), pour entrer dans le serpentin de F, et ce produit est recueilli en (53).

» Lorsque la température de E est élevée au point que la main ne peut être tenue que difficilement au niveau du premier robinet supérieur (58), on peut ouvrir celui du régulateur (60), et laisser de nouveau le liquide couler dans l'entonnoir (54). Le liquide froid déplace le liquide chaud ; celui-ci est obligé de franchir le niveau du tube (45) et de se rendre sur la partie supérieure de la colonne C par le tube (46, 22). Il parcourt successivement les plateaux (23, 24) de la colonne, et tombe ensuite dans la division (4) de B, où il déplace le liquide qui y est contenu. Ce déplacement a lieu successivement dans les divisions (3, 2 et 1); alors la matière épuisée dans la division (1), franchissant le diaphragme (12), se rend dans le tube (8, 9), et chasse le liquide contenu dans le vase (10). Bientôt elle le remplace, et elle est elle-même chassée par de nouvelle matière qui arrive sans cesse.

» On peut alors regarder l'opération comme étant en train ; il ne s'agit plus que de la continuer en mettant, comme on l'a déjà dit, la quantité de vapeur produite dans la chaudière en rapport avec celle du liquide qui est fourni par le réservoir H. En continuant de cette manière, il sort du tube de compression (10) une quantité de liquide dépouillé d'eau-de-vie, égale à celle qui entre dans l'entonnoir supérieur (54), moins l'eau-de-vie qui en a été séparée par la distillation.

» Il faut maintenant reprendre le jeu des parties d'appareil D et E.

» Si on continuait l'opération comme il vient d'être indiqué, on obtiendrait des eaux-de-vie plus ou moins fortes, selon la richesse du liquide soumis à la distillation ; mais on ne pourrait avoir des esprits ; pour obtenir ces derniers, il faut opérer de la manière suivante :

» Lorsque l'opération est en train comme on vient de l'indiquer, et que le liquide contenu dans E est chaud au niveau du premier robinet (38), on ouvre celui-ci, et on laisse ainsi revenir sur le rectificateur les produits condensés dans la partie supérieure du serpentin. Ces produits vont se rendre sur le premier plateau du rectificateur D, par le robinet (38), par le tube (41), et par les ajutages (29). Ils éprouvent une nouvelle distillation sur rectificateur, et deviennent beaucoup plus spiritueux.

» Si on ne trouve pas qu'ils soient encore parvenus au degré de spirituosité convenable, on laisse arriver la chaleur jusqu'au niveau du second robinet (39), en forçant un peu le feu momentanément, ou en suspendant un instant l'écoulement du liquide par le robinet du régulateur. On l'ouvre lorsque la chaleur est arrivée à ce niveau, et alors les produits condensés dans le serpentin jusqu'à ce niveau, retournent sur le rectificateur; on en obtient un produit rectifié, plus spiritueux que lorsqu'il n'y avait que le premier robinet d'ouvert. Lorsqu'enfin avec ce deuxième robinet on n'obtient pas un degré suffisamment rectifié, on a recours au troisième robinet (40) qu'on ouvre, mais en ayant toujours soin que le liquide ou la matière à distiller contenus dans le condensateur E soit chauffé au niveau de ce troisième robinet.

» Lorsque celui-ci est ouvert, la totalité des

produits condensés dans le serpentin de E,
retourne sur le rectificateur D, et donnent le
fluide rectifié, le plus élevé en degré qu'on
puisse obtenir par cette manœuvre; cependant
on pourrait s'en procurer à un degré plus considérable de rectification, si, par intervalles, on
faisait couler du liquide froid en plus grande
quantité, de manière à rafraîchir le serpentin un
peu au-dessus du niveau du troisième robinet.
Le résultat de cette manœuvre serait de forcer
les produits condensés à retourner sur le rectificateur. En éprouvant une nouvelle distillation, les vapeurs spiritueuses qui se produisent
en abondance franchissent, sans être condensées, l'espace du serpentin correspondant au
troisième robinet, quoiqu'il soit à une température bien plus basse, et celles-ci viennent se
réduire dans le serpentin de F.

» En opérant de cette manière, on obtiendra
un produit plus élevé en degré, mais le filet
qui s'échappe par l'extrémité du serpentin
de F, ne sera plus continu. Par cette dernière
manœuvre, on force des esprits très-forts à retourner sur le rectificateur, pour y éprouver
des rectifications successives dont le résultat
est d'obtenir les esprits les plus concentrés qu'il
soit possible d'obtenir, sans employer d'agens

chimiques étrangers, tels que la potasse, la chaux, etc.

» On s'assure de ce qui se passe en mettant la main sur le tube de jonction de E avec F; ce tube est alternativement chaud et froid, quoique la quantité de liquide versé par le régulateur soit toujours à peu près la même. Cependant il ne faut pas trop abuser de ce moyen, parce qu'on pourrait tomber dans le cas dont il va être question, et qu'on croit devoir signaler d'une manière particulière.

» Si, dans le commencement de l'opération, on laisse les robinets (38, 39, 40) ouverts, et qu'on fasse arriver sur la colonne la matière qui doit être distillée, avant qu'elle ait eu le temps d'être suffisamment échauffée, voici ce qui a lieu. Cette matière absorbe subitement le calorique de la vapeur; il en résulte une condensation subite et production de ce qu'on appelle en physique *le vide*. Le résultat de cet effet est que la matière ou le liquide s'accumule dans les divisions de la caisse B, et s'y élève à une hauteur beaucoup plus grande que celle qui est déterminée par le diaphragme (12). Cet effet a lieu surtout dans la division (4). Un autre résultat, qui est la conséquence du précédent, c'est que la matière présente une plus grande résistance à la vapeur qui doit alors la traverser. Si cette résistance est supérieure à celle que lui présente le liquide contenu dans le tube (8, 9) et le vase (10) de J, au lieu de suivre le système d'appareil B, C, D, etc., elle chasse le liquide contenu dans le tube (8, 9) et le vase (10) de J, et sort elle-même par la partie supérieure du tube (10), sans contribuer à la distillation. Lorsque cet effet est produit, c'est un signe certain que les vapeurs émises de la chaudière ne sont pas en proportion avec la quantité du liquide ou de la matière qui entre dans l'appareil, ou que le fluide résultant de la condensation des vapeurs dans le serpentin de E, arrive trop froid sur le rectificateur D. La première chose à faire dans ce cas, est de verser de l'eau froide dans le vase, et ensuite d'arrêter l'écoulement du régulateur, ou tout simplement d'ouvrir les bouchons des tubes de sûreté (6) adaptés à chacune des divisions (1, 2, 3, 4) de B. Bientôt on voit arriver en grande abondance le liquide qui était accumulé dans les divisions de cette caisse, et le niveau se rétablit. Lorsque ce cas se présente, ou seulement lorsqu'on craint qu'il arrive, il est prudent de vider de temps à autre le robinet (31) du rectificateur D, dans le fond duquel les

petites eaux ont pu s'accumuler par suite du
vide formé dans cette partie.

Des précautions à prendre lorsqu'on distille des matières épaisses.

» Lorsqu'on se propose de distiller des matières épaisses avec cet appareil, il faut avoir
la précaution de les diviser, afin qu'il n'y ait
pas d'engorgement. Il sera toujours plus prudent de les passer dans une espèce de passoire,
afin d'acquérir la certitude qu'elles ne contiennent pas de substances telles que des pailles
et autres corps étrangers qui puissent former
arrêt dans le chemin qu'elles parcourent.

» L'appareil, tel qu'il est établi, peut distiller des matières épaisses; cependant, comme
en général elles sont peu riches en eau-de-vie,
on peut se dispenser d'employer la colonne G,
pour opérer ce genre de distillation, surtout si
on n'a pas l'intention d'obtenir des eaux-de-vie
très-fortes en degré. Dans ce cas, on la remplace par un couvercle (16), auquel est adapté
un tube (17, 18) qui se rend directement sous
le rectificateur en communiquant avec (26).

» Lorsqu'on distille des pâtes liquides, il
peut se faire à la longue qu'elles ne se renou-

vellent pas d'une manière régulière dans F et dans E, parce qu'il se forme des espèces de renards ou trouées qu'elles suivent à fur et mesure qu'elles sont introduites. Pour obvier à cet inconvénient, il serait utile de pratiquer dans la partie supérieure du tube (56, 57) qui surmonte E et F, et dans le couvercle (48) de E, des baguettes de fer ou de cuivre qui permissent de remuer de temps à autre la matière, et la forçassent ainsi à se renouveler sur les surfaces des serpentins. On s'aperçoit que cette opération est nécessaire, quand le liquide condensé, ou même la vapeur spiritueuse, sortent chauds par le tube du dernier de ces vases, quoique les parties supérieures de F paraissent froides.

» Lorsqu'on distille des substances épaisses, il peut arriver que la consistance en soit telle, que, susceptibles de circuler dans les différentes parties de l'appareil, elles soient incapables de passer par les robinets du réservoir et du régulateur. Dans ce cas, il faut suppléer à l'écoulement ordinaire par des versemens réguliers faits à la main; c'est-à-dire, qu'un enfant ou un manœuvre quelconque doit verser dans l'entonnoir supérieur, pendant l'espace d'une minute, le nombre de litres de matière que l'appareil peut distiller, en divisant le nombre de ces litres le plus aproximativement possible par le nombre de secondes nécessaires; c'est-à-dire, que si on peut verser quatre litres à la minute, on versera un litre par chaque 15 secondes environ, et ainsi de suite; au reste, une exactitude minutieuse n'est pas de rigueur.

» Lorsqu'on veut économiser du combustible, et distiller avec cet appareil toute la quantité de matière qu'il peut réellement distiller, il est convenable de renfermer dans des caisses de bois toutes les parties d'appareil où s'opère la distillation et la rectification, et même la première condensation, telles que B, C, D et la partie supérieure de E, jusqu'au niveau du premier robinet. Il en sera de même de la chaudière A, dont il faudra couvrir la partie supérieure avec du poussier de charbon ou toute autre matière non conductrice de la chaleur. Plus la clôture des parties de l'appareil ci-dessus indiquées sera exacte, plus on économisera de combustible, et plus on distillera de matière dans un temps donné.

Lorsqu'au lieu de distiller la matière par la simple action de la vapeur, on veut la faire arriver dans la chaudière A, cette chaudière fait alors les fonctions d'une des divisions de B; on doit, dans ce cas, boucher exactement la douille (8), placée à la partie inférieure de la première, et transporter à la chaudière A toute la partie de l'appareil J. On ouvre le robinet du tube (11), et la matière se rend dans ce vase par le tube d, e; elle le remplit seulement jusqu'au niveau de f, g, qui la verse dans l'appareil J, pour sortir, comme il a été expliqué dans la description de la mise en train de l'appareil.

» Dans ce cas, la chaudière doit être placée un peu plus bas qu'elle n'est figurée dans le dessin, et que les tubes 1 et d doivent être allongés en conséquence. 6 pouces plus bas sont suffisans.

» Quelques personnes ont paru craindre que, par suite de la négligence des ouvriers chargés de la conduite de cette opération, la matière, sortant soit de la chaudière, soit des cases de B, ne fût pas toujours dépouillée de la totalité de l'eau-de-vie qu'elle contenait. Quoique les précautions aient été prises pour que cet accident n'arrivât que par suite d'une négligence prolongée, on doit toutefois prévenir que les inventeurs ont été au-devant de cet inconvénient, et que dans les brevets qui leur ont été

accordés, ils ont décrit un appareil composé
de deux chaudières qui chauffent alternativement, et dont l'une sert de récipient pour la
matière, tandis que l'autre fournit la vapeur
nécessaire pour la distillation; laquelle vapeur
est produite par la matière accumulée dans la
chaudière lorsqu'elle servait de récipient. Ce
système de deux chaudières alternativement
chauffées par le contact direct du feu, peut
être modifiée par deux vases qui se vident l'un
dans l'autre, et dont l'un serait placé sur un
plan supérieur à l'autre.

» Ce même système alternatif peut être appliqué à la distillation au moyen de la vapeur;
dans ce cas la chaudière A reste la même, mais
on ménage entre A et B le placement de deux
vaisseaux de cuivre doublés de bois, dans lesquels la vapeur est portée alternativement et par
compression, au moyen du tube (1), auquel on
adapte un autre tube à deux branches munies
chacune d'un robinet. Ces vaisseaux de cuivre
font les fonctions des deux chaudières alternatives mentionnées précédemment, et servent à
porter la vapeur dans les cases de B.

» Dans ce cas, le tube (9) se trouve supprimé,
et un ajutage à embranchement, ménagé au
tube (8) et muni de deux robinets, verse alter-

nativement la matière dans les deux vaisseaux
ou dans les deux chaudières dont on vient de
parler.

» Lorsqu'on emploie l'un ou l'autre de ces
moyens, on peut être assuré de dépouiller
complètement la matière de toute l'eau-de-vie
qu'elle contenait, parce que le temps nécessaire pour emplir une des deux chaudières ou
des deux vaisseaux, est plus que suffisant pour
que la matière contenue dans l'autre, et qui
est soumise à une ébullition constante, soit
complètement dépouillée. Mais dans ce cas
on ne conserve la continuité que pour l'entrée
et la circulation de la matière dans l'appareil,
et on la supprime pour la sortie.

» L'appareil que nous venons de décrire, in-
venté d'abord par M. Blumenthal, auquel la
Société d'encouragement décerna une médaille
d'or, et perfectionné ensuite par M. Derosne,
tire ses principaux avantages de ce qu'il se
charge et se décharge lui-même. La matière,
soumise à la distillation, se renouvelle sans
cesse, et ne s'échappe néanmoins qu'après avoir
été entièrement dépouillée d'alcool. La marche
du système est plus prompte, et les résultats
qu'on obtient dans un temps donné sont plus
considérables, puisqu'on évite la charge et la

décharge de la chaudière, opérations si longues et pourtant indispensables avec tout autre appareil. On obtient une grande économie de combustibles, de main-d'œuvre, et on est dispensé d'employer aux achats des machines des sommes considérables. Il a, de plus, l'avantage :

1°. De n'exiger l'emploi d'aucune quantité d'eau pour la condensation des vapeurs, ou la réfrigération des liquides ; la matière à distiller étant toujours plus que suffisante pour absorber la totalité de la chaleur des vapeurs produites.

2°. De fournir à volonté des esprits au plus haut degré de rectification, par une seule et même opération, sans repasse et avec les matières les plus pauvres en eau-de-vie, et par des moyens nouveaux.

3°. De pouvoir servir également à la distillation des vins, bières, cidres, mélasses, fécule de pomme-de-terre convertie en matière sucrée, et généralement de tous les liquides fermentés quels qu'ils soient ; comme aussi à la distillation de grains, lies de vins, fruits, pommes-de-terre en nature, et autres matières pâteuses convenablement délayées.

4°. De fournir comparativement des produits plus purs qu'avec les appareils ordinaires.

5°. De pouvoir être placé dans toute espèce de lieu, puisqu'il est susceptible d'être disposé de manière qu'il n'occupe que très-peu de hauteur et d'emplacement.

6°. A ces avantages on peut encore en ajouter un autre extrêmement important, surtout pour la distillation des matières peu riches en eau-de-vie ; celui d'utiliser la chaleur contenue dans les vinasses ou résidus de la distillation, pour chauffer la substance soumise à l'opération.

Une chaudière de deux pieds et demi de diamètre et de quinze pouces de hauteur, peut distiller, par heure, de 200 à 250 litres de vin contenant un sixième d'eau-de-vie ; une chaudière de quatre pieds est capable d'en distiller de 400 à 450 litres, et même plus.

Pour l'intelligence complète de ce système de distillation, reprenons d'une manière succincte la description de l'appareil.

A. Chaudière.

a. Couvercle pour entrer dans la chaudière et la nettoyer.

b. Douille pratiquée à la partie supérieure,

pour recevoir le tube qui doit amener l'eau dans la chaudière.

c. Tube dont il vient d'être question, et qui doit être surmonté d'un entonnoir.

d. Tube qui introduit à volonté la matière dans la chaudière.

e. Allonge de ce tube.

f. Tube de vidange lorsque le vin entre dans la chaudière.

g. Allonge de f.

h. Gros tube qui s'adapte à g. et qui doit plonger de toute sa longueur dans un vase plein d'eau, lorsqu'on commence le travail.

i. Tube avec robinet pour vider et nettoyer la chaudière.

k. Tube de verre qui s'adapte sur la douille placée sur i. et sur le tuyau l.

l. Tuyau qui reçoit la partie supérieure de k.

m. Douille ou gros tube qui sert d'issue à la vapeur produite dans la chaudière.

B. Caisse de distillation par compression.

N° 1. Tube qui porte la vapeur de la chaudière dans la première caisse de B.

2. Douille qui reçoit le N° 1.

3. Tube plongeur à branches, qui porte la

vapeur à travers le liquide de la première case, ce tube est soudé à la douille N° 2.

4. Couvercle de chaque division.

5. Tube qui porte la vapeur d'une case dans l'autre.

6. Tube de sûreté.

7. Douille de vidange et qu'on doit tenir bien bouchée dans le cours de l'opération.

8. Tube par lequel sort la matière qui a été distillée et qui forme la vinasse pour se rendre dans le tube 9.

9. Tube plongeur qui fait suite au N° 8; ce tube doit plonger de toute sa longueur dans un vase quelconque plein d'eau, 10.

10. Vase figuré ici pour l'indication; il peut être en bois; ce peut être un tonneau.

11. Tube auquel est adapté un robinet pour diriger à volonté le liquide ou résidu de la distillation dans la chaudière; dans ce cas, il faut que le tube n° 8 soit exactement fermé par un bouchon.

12. Diaphragme ou feuille métallique que doit franchir le liquide avant de se rendre dans le n° 8, ou dans le tube 11.

Les n°ˢ 3, 4, 5, 6, 7 et 12, sont les mêmes dans chaque case.

13. Tube pratiqué dans le couvercle de la 4ᵉ case et qui y amène les matières épaisses, lorsque l'appareil est employé à cet usage, et qu'on ne se sert pas de la colonne.

14. Tube qui amène dans cette 4ᵉ case les petites eaux provenant de ce qui a échappé à la rectification sur les plateaux du rectificateur D.

15. Panache formant la jonction de la 4ᵉ case avec la colonne.

16. Couvercle qui s'adapte à la 4ᵉ case lorsqu'on n'emploie pas la colonne.

17. Douille fixée dans le couvercle 16 pour recevoir le tube 18.

18. Tube qui dirige la vapeur dans la partie inférieure du rectificateur, lorsqu'on n'emploie pas la colonne.

(Les nᵒˢ 13, 16, 17 et 18, sont de rechange, et ne sont pas figurés sur le dessin.)

C. Colonne distillatoire.

19. Partie de la colonne qui s'adapte à 15 de B.

20. Partie supérieure de la colonne servant de couvercle.

21. Douille pour la sortie de la vapeur et communiquant avec le tube 25.

22. Douille pour l'introduction de la ma-

tière qui doit être distillée, elle s'adapte au
tube 46.

23-24. Plateaux alternativement concaves et
convexes, renfermés dans la colonne; ils sont
garnis de fil de laiton pour diviser la matière
et lui servir de conducteur. Ils sont assujettis
intérieurement par des tubes qui sont enfilés
dans 3 baguettes de laiton soudées au dernier
plateau; toute cette partie peut être retirée de
la colonne.

25. Tube conducteur des vapeurs sortant
de la colonne pour se rendre sous le rectificateur; il s'adapte à 21 de la colonne, et à 26 du
rectificateur.

D. Rectificateur.

26. Douille et tube qui introduit la vapeur
sous le dernier plateau du rectificateur.

27. Tube pour la sortie de la vapeur qui
se rend dans le condensateur chauffe-vin.

28. Petite douille qui reçoit le tube 29 et
qui amène sur le premier plateau du rectificateur les petites eaux ou eaux-de-vie qui
doivent y être rectifiées.

29. Petit tube dont il vient d'être question;
c'est un ajutage au tube 41 de E.

30. Tube avec robinet, qui sert à la sortie du liquide résidu de la rectification et

qui le dirige à volonté dans la douille , ou tube 14 de B. Lorsque le robinet de ce tube est fermé, le liquide alors peut sortir par le tube 31.

31. Autre tube à robinet qui sert à retirer les produits résidus de la rectification , lorsqu'on ne veut pas les faire retourner dans les caisses de distillation B.

32. Plateaux intérieurs du rectificateur ; ils ne sont pas visibles, étant soudés à la caisse qui les renferme. Leur nombre qui est ici de 8, peut être augmenté suivant la grandeur de l'appareil ; ils sont eux-mêmes divisés par des languettes en alternant.

E. Condensateur , chauffe-vin et déphlegmateur.

33. Tube qui reçoit la vapeur sortant du rectificateur D. et qui le dirige dans 34.

34. Douille ou bout de tube formant la jonction du tube 33 avec 35.

35. Double enveloppe parcourue par la vapeur avant qu'elle se rende dans le serpentin 36; au moyen de cette double enveloppe la matière est échauffée dans la partie supérieure de E, sur un plus grand nombre de points à la fois.

36. Serpentin intérieur qui reçoit la vapeur

après qu'elle a parcouru 33 ; un diaphragme ménagé en 35 et non visible, forcé la vapeur à faire le tour de la partie supérieure de E, avant qu'elle puisse entrer dans l'embouchure du serpentin.

37. Tube ou tubes qui conduisent en 41 les eaux-de-vie ou petites eaux condensées dans la double enveloppe 55.

38, 39, 40. Tubes avec chacun un robinet qui amènent à volonté dans le tube 41, les eaux-de-vie condensées dans les différentes hauteurs du serpentin avec lequel ces tubes communiquent par des saignées.

41. Tube qui vient d'être mentionné et qui dirige les produits condensés sur la partie supérieure du rectificateur D.

42. Tube de sortie pour la vapeur non condensée en E, ou pour le liquide qui y a été condensé et qu'on veut retirer au degré où il se trouve ; l'un et l'autre se rendent alors dans le serpentin de F.

43. Entonnoir qui peut s'adapter sur la partie supérieure de 44, lorsqu'on ne se sert pas de F.

44. Tube pour l'introduction de la matière à distiller dans la partie inférieure de E.

45. Douille ou ouverture supérieure, par

où s'écoule la matière chauffée en E, pour se rendre sur la partie supérieure de la colonne.

46. Tube qui joint 45 de E avec 22 de la colonne C.

47. Tube de rechange pour la distillation des matières épaisses lorsqu'on ne se sert pas de la colonne, et qui fait alors communiquer directement 45 avec 13 de B (non visible).

48. Couvercle qui doit être exactement luté pendant l'opération.

49. Douille pour vider la matière dans E. lorsqu'on veut cesser l'opération.

F. Réfrigérant simple.

50. Tube de jonction de F avec E, et s'adaptant d'un bout à 42, et de l'autre à 51.

51. Douille servant d'entrée au liquide ou à la vapeur qui sort du serpentin de E.

52. Serpentin renfermé dans F et qui n'est pas visible.

53. Tube de sortie pour l'eau-de-vie ou l'esprit.

54. Entonnoir qui sert à l'introduction de la matière à distiller, dans la partie supérieure du tube 55.

55. Tube qui dirige la matière à distiller dans la partie inférieure du bain du serpentin.

56. Douille fixée à la partie supérieure de F, et s'adaptant à 57.

57. Tube qui dirige la matière à distiller dans le tube 44 ; le coude supérieur en fait partie et doit être marqué 57 *bis*.

58. Douille pour vider la matière contenue dans F, lorsqu'on veut cesser l'opération.

59. Douille supérieure qui sert à introduire de l'eau pour nettoyer le bain de F, et qui servirait à sa sortie si on voulait s'en servir comme d'un serpentin ordinaire.

G. Régulateur.

60. Robinet qui verse le liquide dans l'entonnoir 54, ou dans celui 43, lorsqu'on ne se sert pas de F réfrigérant.

61. Boule flottante sur le liquide contenu dans le régulateur, et fixée à une tige de fer adaptée à la clef du robinet du réservoir.

H. Réservoir.

62. Robinet du réservoir et dont l'ouverture est déterminée par le niveau du liquide qui soutient la boule flottante.

J. Seau de vidange, ou tube de sûreté et de compression.

Nota. Le robinet n° 60 doit être supposé placé au-dessus de l'entonnoir 54.

SUPPLÉMENT A LA PAGE 291.

J'ai fait des expériences sur la plupart des produits solubles obtenus par M. Sinclair, et supposés contenir la matière nutritive des herbes. J'en ai soumis quelques-uns à l'analyse. Les détails minutieux dans lesquels je pourrais entrer à cet égard, offriraient peu d'intérêt pour les agriculteurs; je me borne en conséquence à énoncer un petit nombre de faits particuliers et de conclusions générales qui me paraissent susceptibles d'éclairer les recherches qu'on peut faire à l'égard des graminées, comme propres à former des prairies permanentes, ou à donner des récoltes vertes qui puissent alterner avec les grains.

Les seules substances que j'ai découvertes dans les matières solubles tirées des herbes, sont le mucilage, le sucre, le principe amer, une substance analogue à l'albumine, et divers ingrédiens salins. Quelques-uns des produits des dernières récoltes donnent de légers indices de principe tannant.

Nous avons exposé dans la première leçon la puissance nutritive dont elles jouissent; l'albumine, le sucre et le mucilage, probablement lorsque les bestiaux vivent d'herbes ou de foin, restent pour la plus grande partie dans le corps de l'animal ; le principe amer, l'extrait , la matière saline , et le tannin, quand il existe, sont vraisemblablement rejetés dans les excrémens avec la fibre ligneuse. La matière extractive, obtenue au moyen de l'ébullition, du fumier de vache frais, a tous les caractères chimiques de celle que contiennent les produits solubles provenant des herbes. L'extrait que M. Sainclair a retiré du fumier de moutons et de daims, nourris de Lolium perenne , de Dactylis glomerata et de Trifolium repens, possède des qualités si analogues à celles de la matière extractive des feuilles de ces plantes, qu'on pourrait aisément les confondre l'une avec l'autre. Conservé quelques semaines, l'extrait de fumier exhale une odeur de foin. Soupçonnant , d'après cette circonstance , que c'était quelque herbe échappée à la digestion , et passée dans le fumier qui avait produit du sucre et du mucilage , ainsi que l'extrait amer, j'examinai la matière soluble avec une attention particulière ; elle ne donna pas un atome du premier, et à peine une quantité sensible du second.

M. Sainclair, en comparant les quantités de

matières solubles contenues dans un mélange de feuilles de Lolium perenne, de Dactylis glomerata et de Trifolium repens, et celles qu'il a obtenues du fumier des bestiaux qui avaient été nourris de ces plantes, a trouvé qu'elles étaient entre elles comme les nombres 50 et 13.

Il est probable d'après ces faits que le principe amer, quoique soluble dans une grande quantité d'eau, est très-peu nutritif ; mais il sert probablement jusqu'à un certain point à prévenir la fermentation des autres matières végétales, à modifier ou à favoriser la fonction de la digestion, et peut ainsi contribuer d'une manière efficace à former la partie constituante de la nourriture du bétail. Une petite dose d'extrait amer et de matière saline, est probablement tout ce qui est nécessaire. Passé cela, les matières solubles doivent être d'autant plus nutritives, qu'elles contiennent plus d'albumine, de sucre et de mucilage ; et d'autant moins, qu'elles renferment plus d'autres substances.

En comparant la composition des produits solubles donnés par la même herbe, prise à diverses époques de la végétation, j'ai reconnu, dans toutes les épreuves que j'ai faites, qu'elle ne contient jamais plus de matière vraiment nutritive que lorsqu'elle est coupée pendant la

maturité de la graine. Elle renferme alors peu
d'extrait amer et d'ingrédiens salins ; mais ces
deux principes abondent dans les récoltes d'automne ; et la saison où la substance saccarine
est en quantité plus considérable, est celle
où les plantes sont fleuries. J'en donnerai un
exemple :

100 parties de matières solubles, extraites
du Dactylis glomerata coupée en fleurs, produisent

Sucre.	18 parties.
Mucilage	67
Extrait coloré et matières salines, avec une petite quantité de substances devenues insolubles par l'évaporation.	15

100 parties de matières solubles, extraites
des herbes parvenues à l'époque de la maturité
de la graine , donnent

Sucre.	9 parties,
Mucilage	85
Extrait insoluble et matière saline	6

100 parties de matières solubles, extraites de la dernière récolte, donnent

Sucre. . . . . 11 parties.
Mucilage 59
Extrait insoluble et matières
  salines. 30

La plus grande proportion de feuilles dans le printemps, et surtout dans la dernière récolte d'automne, explique la différence des quantités d'extrait ; et l'infériorité de la quantité comparative du sucre dans la récolte d'été, dépend probablement de l'action de la lumière qui tend toujours dans les plantes à convertir la matière saccarine en amidon ou en mucilage.

Parmi les matières solubles données par les différentes herbes, celle qu'avait fournie l'Elymus arenarius est remarquable par la quantité de substance saccarine qui s'élevait à plus d'un tiers de son poids. Les matières solubles, extraites des différentes espèces de Festuca, donnent en général plus de principe extractif amer que celles des diverses espèces de Poa. La matière nutritive du Poa compressa, pris à l'époque de la maturité de la graine, est presque entièrement composée de mucilage. Celle du

Phleum pratense donne plus de sucre qu'aucune de celles qui proviennent des espèces de Poa ou Festuca.

Les parties solubles tirées de l'Holcus mollis et de l'Holcus lanatus, récoltées à l'époque de la maturité de la graine, ne contenaient pas d'extrait amer, et étaient totalement formées de mucilage et de sucre. Celles de l'Holcus odoratus renfermaient une certaine quantité du premier principe, ainsi qu'une substance particulière d'un goût âcre, plus soluble dans l'alcool que dans l'eau. Tous les extraits solubles de ces herbes, qui sont la plupart recherchées par le bétail, ont une saveur saline ou acide. Le goût de l'Holcus lanatus ressemble à celui de la gomme arabique. Cette plante, qui est si commune dans les prairies, pourrait devenir agréable aux animaux si on la soupoudrait d'un peu de sel.

Je n'ai pas trouvé dans le produit nutritif des récoltes de diverses herbes coupées dans la même saison, de différence assez sensible pour établir une échelle de leurs propriétés nutritives; mais il est probable que les matières solubles de la dernière coupe sont toujours moins nutritives d'un sixième à un tiers, que celles qui proviennent des récoltes faites au moment de la floraison ou de la maturité de la graine. Dans les récoltes de l'arrière-saison, les matières extractives et salines sont sans aucun doute constamment en excès ; mais les foins qui en résultent, mélangés avec ceux qu'on fait pendant l'été, surtout ceux dans lesquels abondent les herbes douces, produisent un excellent fourrage.

Parmi les trèfles, la matière soluble que fournit celui de Hollande est pour ainsi dire composée de mucilage et d'une matière analogue à l'albumine. Tous contiennent plus d'extrait amer et de substances salines que les herbes communes. Quand ils ne doivent pas être donnés purs aux bestiaux, il faut les mélanger plutôt avec le foin qu'avec le regain.

FIN DU SECOND ET DERNIER VOLUME.

TABLE

DES LEÇONS CONTENUES DANS LE SECOND VOLUME.

Pages.

Sixième Leçon. — Engrais d'origines végétales et animales. — Manière dont ils se convertissent en alimens des plantes. — Fermentation et putréfaction. — Différentes espèces d'engrais d'origine végétale et d'origine animale. — Engrais mixtes. — Coup-d'œil général sur les usages et l'application de ces sortes d'engrais.   1

Septième Leçon. — Des engrais d'origine minérale ou engrais fossilles. — De leur préparation et de la manière dont ils agissent. — De la chaux dans ses différens états. — Action de la chaux comme engrais et comme ciment. — Diverses combinaisons de chaux. — Du gypse. — Idées relatives à son usage. — Des autres composés neutro-salins employés comme engrais. — Des alcalis et des sels alcalins. — Du sel commun.   50

Huitième Leçon. — De l'amélioration des terres au moyen de l'écobuage. — Principes chimiques de cette opération. — De l'irrigation et de ses effets. — Des jachères. — Avantages et inconvéniens de cette méthode. — Des rotations de récoltes. — Du pâturage. — Idées relatives à son application. — Divers objets d'agriculture, considérés dans leurs rapports avec la chimie. — Conclusion.   90

TABLE DES MATIÈRES

CONTENUES

DANS LES DEUX VOLUMES.

	Tom. Pag.
ACIDES végétaux.	I. 126
Acide carbonique, principe constituant de l'atmosphère.	I. 252
Age des arbres, sa limite; discussion sur leurs habitudes; causes qui les font dépérir.	I. 304
Alcool, théorie de sa formation.	I. 161
Alcalis, méthode pour reconnaître la présence des alcalis dans les plantes.	I. 132
Assolemens, particularités à ce sujet.	II. 105
Aubier, son usage.	I. 68. 302
Blé, marcotage du blé, théorie de cette opération.	I. 281
Blé niellé, cause de cette maladie.	I. 317

	Tom.	Pag.
Cercles magiques, leurs causes.	II.	107
Cimens faits avec la pierre à chaux.	II.	69
Chaleur, ses effets sur les végétaux.	I.	58
Carie des arbres, moyen d'y remédier.	I.	315
Chaux, méthode pour déterminer la quantité de chaux contenue dans les pierres à chaux et les sols.	I.	200
Chimie, ses applications à l'agriculture ; son importance dans les exploitations rurales.	I.	2
Combustibles simples.		
Combustion, ses supports.	I.	49
Culture en ligne, ses avantages.	II.	104
Ecobuage, utilité de cette opération pour bonifier les sols.	II.	92
Electricité, son influence sur la végétation.	I.	43
Elémens chimiques des corps.	I.	47
— Lois de leurs combinaisons.	I.	56
Engrais, applications de ces substances.	II.	1
— Comment ils s'incorporent dans le système végétal.	II.	2

	Tom.	Pag.
Engrais, leur fermentation.	II.	40
— En quel état il convient de les employer.	II.	42
Engrais animaux.	II.	53
Minéraux.	II.	72
Salins.	II.	64
Eau absorbée par le sol.	I.	217
— Son état dans l'atmosphère.	I.	248
Fermentation (phénomène de la).	I.	160
Feuilles, leurs fonctions.	I.	73
Fleurs, parties dont elles se composent, et fonctions qu'elles remplissent.	I.	77
Géologie, utile pour faire connaître la nature des roches.	I.	231
Glace, prévient la putréfaction.	II.	12
Greffe, idées générales sur cette opération.	I.	303
Gravitation, influence qu'elle exerce sur les plantes.	I.	63
Gypse, son usage comme engrais.	II.	72

Tom. Pag.

Herbes, celles qui conviennent pour
les pâturages. II. 112

Huiles fixes, leur nature et leur fabrication. I. 120

Irrigation, théorie de ses effets. II. 99

Irritabilité, végétale révoquée en doute. I. 295

Jachères (théorie des). I. 23. II. 101

Maltage, théorie de cette opération. I. 260

Matière, discussion sur les puissances
dont elle est pourvue. I. 52

Métaux. I. 51

Moëlle, sa nature. I. 70

Oxides métalliques qui se trouvent
dans les plantes. I. 136

Oxygène, principe constituant de l'atmosphère, ses usages. I. 255

— Nécessaire à la germination. I. 256

Pierre à chaux, sa nature et son usage. II. 56

— Son action sur les sols. I. 22

                                    Tom. Pag.

Pierre à chaux, manière de la cuire. II.   71

— Magnésienne, propriétés particulières.   II.   67

Plantes parasites, regardées comme la
   cause des maladies des blés.   I. 316

Putréfaction, moyen de la prévenir.   II.   12

Récoltes vertes recommandées.   II. 105

Roches, nombre et disposition des roches qui ont donné naissance aux
   sols, et qui leur servent de base.   I. 202

Sels, leurs usages comme engrais.   II. 29. 54

— Ceux qui se trouvent dans les végétaux.   I. 136

— Ceux qui se trouvent dans les sols. I. 190

Semences.   I. 309

— Leur nature et leurs usages.   I.   81

Sève, causes de son ascension.   I. 287

— Cours qu'elle suit.   I. 285

Sols, leurs propriétés.   I. 193

— Leur composition.   I. 190

— Méthode pour en faire l'analyse.   I. 191

	Tom.	Pag.
Sols, leur formation.	I.	227
— Leurs parties constituantes.	I.	187
— Leur amélioration.	I.	245
— Leur classification.	I.	243
Sucre, méthode de rafinage.	I.	90
Suie, ses propriétés comme engrais.	II.	48
Tan, son application au tannage.	I.	103
— Sa qualité varie suivant les écorces.	I.	106
Tan artificiel.	I.	109
Température des sols.	I.	216
Tourbes, sur leur formation.	I.	250
— Sur leur amélioration.	I.	246
Urine, ses usages comme engrais.	I.	30
Végétation influencée par la gravitation.	I.	33
— Influence de la lumière.	I.	309
— Ses effets sur les sols.	II.	105
Végétaux, leur composition chimique.	I.	85
— Amélioration qu'ils éprouvent par la culture.	I.	307
— Causes de leur croissance.	I.	299

                                      Tom. Pag.
Veines ou mines, leur situation.   I. 236
Vie végétale (phénomène de la), dis-
    cussion.   I. 198
Vins, théorie de leur formation.   I. 160
— Quantité d'esprits qu'ils contiennent. I. 164

TABLE

DE L'APPENDICE.

	Pages.
AGROSTIS *canina*, Agrostis des chiens.	269
— *Canina*, var. mutica.	270
— *Fascicularis*, fasciculaire.	273
— *Lobata*, lobé.	277
— *Mexicana*, du Mexique.	278
— *Nivea*, blanc.	272
— *Palustris*, des marais.	263
— *Repens*, rampant.	278
— *Stricta*, serré.	271
— *Stolonifera*, traçant.	266
— *Stolonifera*, var., *angustifolia*, traçant, à fauilles étroites.	268
— *Vulgaris*, commun.	261
Aira aquatica, Aira aquatique.	238
— *Cœspitosa*, touffue.	241

Pages.

Aira flexuosa, Aira tortueuse. 209

Alopecurus agrostis, Alopécure des champs.

— *Alpinus*, des Alpes. 147

— *Pratensis*, des prés. 142

Anthoxanthum odoratum, Holcus odorant. 135

Arundo colorata, Roseau coloré. 225

Avena elatior, Fromental. 185

— *Flavescens*, Avoine jaunâtre. 243

— *Pratensis*, des prés. 201

— *Pubescens*, pubescente. 148

Briza media, Briza des prés. 172

Bromus asper, Brome rude. 182

— *Cristatus*. 259

— *Diandrus*, à deux étamines. 180

— *Erectus*, Brome à tiges droites. 191

— *Inermis*, sans crêtes. 260

— *Littoreus*, des rivages. 213

— *Multiflorus*, à fleurs nombreuses. 205

— *Tectorum*, des toits. 178

— *Sterilis*, stérile. 245

Pages.

Bunias orientalis.   000

Cynosurus cœruleus.   141
— *Cristatus*, Cretelle des prés   199
— *Erucœformis.*   251

Dactylis cynosuroïdes.   000
— *Glomerata.*, Dactylis agglomérée.   175

Elymus arenarius, Elyme des sables.   258
— *Geniculatus*, coudée.   259
— *Sibericus*, de Sibérie.   240

Festuca calamaria, Festuque cala-
maria.   210
— *Cambrica*, de Cambridge.   179
— *Duriuscula*, à feuilles dures.   188
— *Dumetoruu*, des buissons.   225
— *Elatior*, élevée.   215
— *Fluitans*, flottante.   220
— *Glabra*, glabre.   164
— *Glauca*, glauque.   161
— *Hordiformis*, hordiforme.   156

Pages.

Festuca loliacea, loliacée. 204

— *Myurus.* 208

— *Ovina*, Festuque des moutons. 170

— *Pennata.* 000

— *Pratensis*, des prés. 193

— *Rabra*, rouge. 167

Hedysarum onobrichis, Sainfoin. 234

Hordeum bulbosum, Orge bulbeuse. 209

— *Murinum*, des murailles. 242

— *Pratense*, des prés. 235

Holcus lanatus, Holcus laineux. 221

— *Mollis*, velouté. 246

— *Odoratus*, odorant. 137

Lolium perenne, Raigrass. 196

Medicago sativa, Luzerne. 235

Melica cœrulea, Mélica bleu. 285

Millium effusum, Mil étalé. 192

Nardus stricta, Nard serré. 218

                                        Pages.

Panicum dactylon, Chien-dent.   265

— *Sanguinale*, Panis sanguin.   276

— *Viride*, Panis verd.   275

Phalaris cananiensis, Alpiste des Canaries.   285

Phleum nodosum, Fleau.   252

— *Pratense*, des prés.   253

— *Var min.*, des prés.   257

Poa Alpina, Poa des Alpes.   148

— *Angustifolia*, à feuilles étroites.   181

— *Aquatica*, aquatique.   257

— *Cærulea*, bleuâtre.   155

— *Compressa*, comprimé.   236

— *Cristata*, à crètes.   206

— *Elatior*, élevé.   186

— *Fertilis*, fertile.   224

— *Var.*, fertile.   249

— *Maritima*, maritime.   198

— *Pratensis*, des prés.   152

Potirium sanguinale.   000

Stippa pennata.   000

Pages.

Trifolium maccrorhizum, Trèfle à grosses racines. 228

— *Pratense*, des prés. 226

— *Repens*, blanc. 228

Triticum repens, Froment rampant. 280

43
44
...le est d'un pouce pour pied.

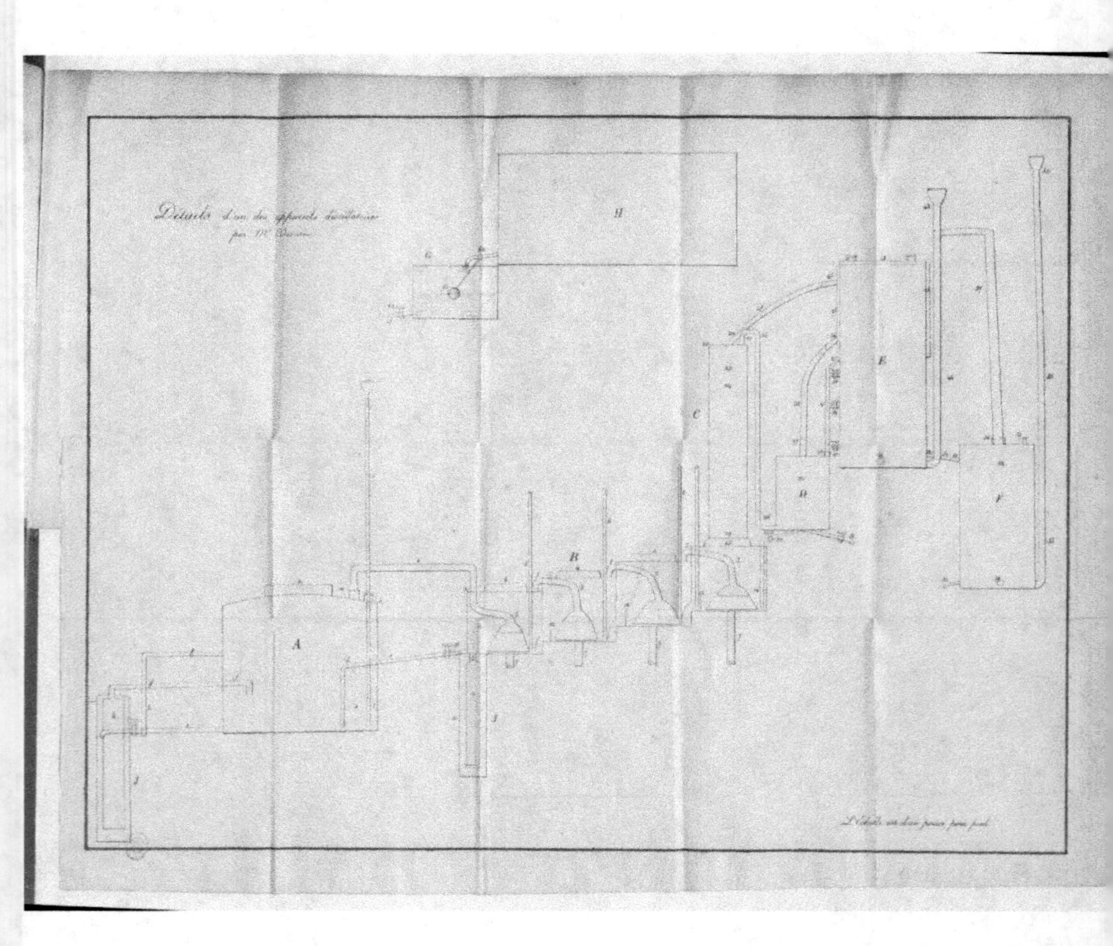

Détails d'un des appareils distillatoire
par Mr. Derosne
A
B
C
D
E
F
G
H
L'échelle est de deux pouces pour pied

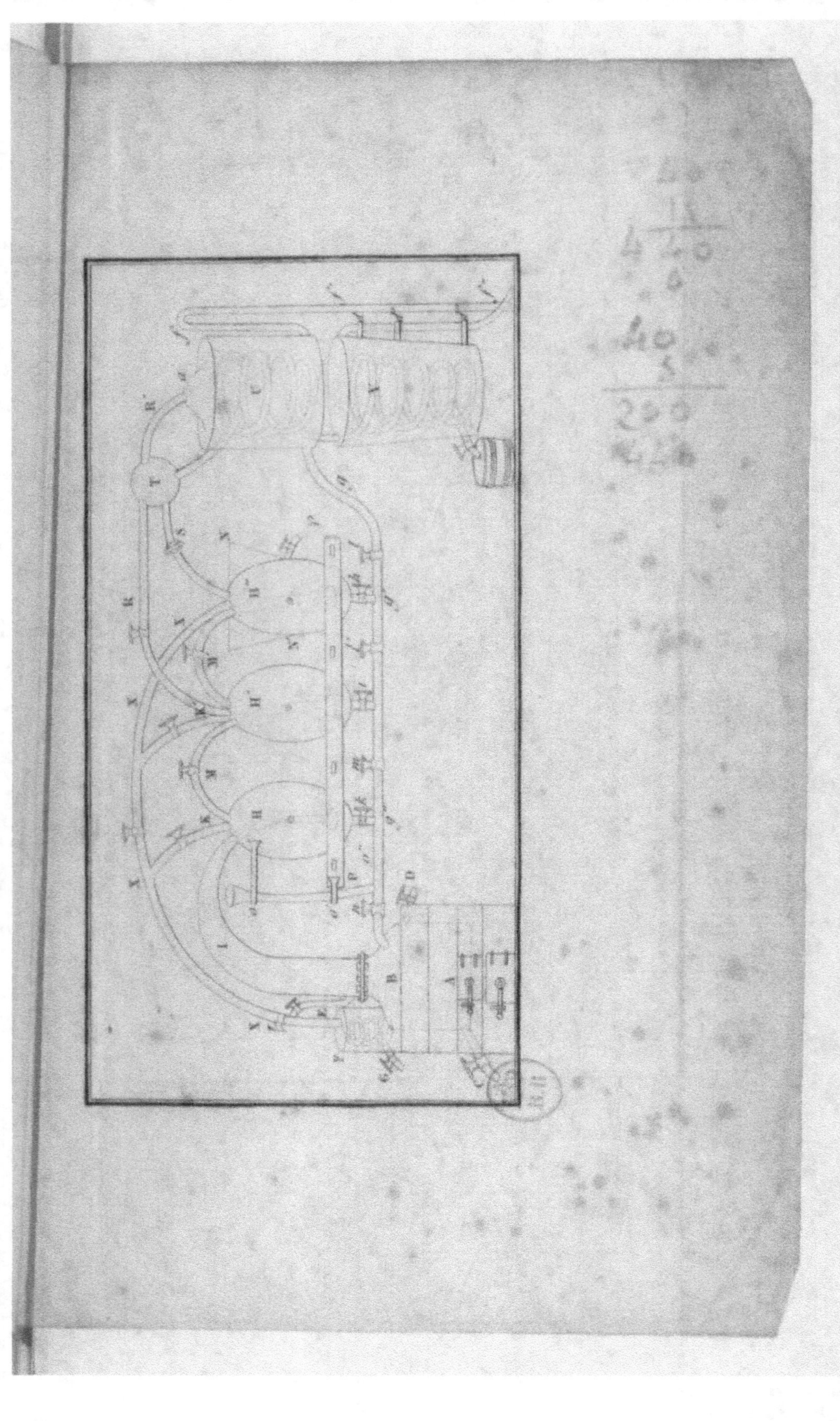

www.ingramcontent.com/pod-product-compliance
Lightning Source LLC
LaVergne TN
LVHW021929060726
842528LV00001B/130